宇宙が教える人生の方程式

佐治晴夫

GENTOSHA

はじめに

人生にはどこか音楽に似たところがあります。

私たちは、この広大無辺な宇宙の中、銀河系を選び、さらにその片隅にある太陽系の第三惑星、地球を選び、そこで流れる宇宙時間のある瞬間を選んで生まれてきました。その産声は、唯一無二の主題を持ち、成長する過程で、変奏を繰り返し、第一楽章、第二楽章と進みます。明るい音、暗い音、悲しい和音、喜びの旋律が織り成す人生は、まるで音楽そのものです。

私自身のことでいえば、二・二六事件の前年、昭和10年（1935年）、その事件現場の一つとなった東京の住宅地の近くで生まれました。やがて、昭和16年12月8日、日本海軍によるアメリカの海軍基地、真珠湾奇襲攻撃で日米開戦を迎え、その4ヵ月と10日後の昭和17年4月18日、正午近く、アメリカ空軍機B25による東京初空襲を目の当たりにしました。

全土焦土作戦によって、当時の日本には数台しかなかったパイプオルガンが焼失することは確実との見通しの中、兄に連れられて初めて聞いたオルガンの音色に心を震わせ、芸術への淡いあこがれをいだきながら、昭和20年8月15日の終戦を迎えました。

一夜にして軍国主義から民主主義へと変わった価値観に戸惑いながら中学、高校へと進みました。そして芸術への道はとても無理だという自覚から、芸術と同じく美の追求である数学と物理学の道に進むことになりました。

後に、宇宙研究に明け暮れた私は、何もない「無」からの宇宙創生理論の基礎になる「ゆらぎ」の研究に携わることになりました。その結果、NASAが太陽系外惑星探査を目的として1977年に打ち上げた探査機、ボイジャーに、地球から未知の宇宙へのメッセージとしてバッハの音楽を搭載することの提案などに関わることになりました。それに加えて、科学と芸術とを融合する新分野、数理芸術学の提唱などがきっかけとなって、音楽大学大学院教授として最晩年を迎えることになりました。

こうして考えてみると、何がよくて、何が悪かったのかなどは、後になってみないとわからないという人生の妙味をかみしめています。

過去が単純に未来を決めるのではなく、未来が過去の価値を大きく変えるということですね。過去、現在、未来という時間の流れは直線的なものではなく、どこか螺旋《らせん》を描いているようなところがあって、その意味では、過去は新しく、未来はなつかしい存在なのかもしれません。

さて、前置きが長くなりました。この本は、そんな一生を送ってきた私が、研究最前線から退いた後、いくつかの大学の教授や、学長、そして幼稚園から大学院までを擁する総合学園の理事長などを務めながら、月に何度か、自然や人や教育現場などで感じたことをエッセイ風に新聞連載として書き綴《つづ》ったものの中から何篇かを選び、一冊の本にまとめたものです。それぞれの話題はすべて読みきりになっていますから、どのページからお読みくださってもかまいません。

ただ、本書がめざすところは、宇宙研究に明け暮れた一人の研究者のまなざしで見た、大いなる自然の営みや広大無辺な宇宙のひとかけらとしての人間への賛歌であり、そしてあえていってしまえば、あなたの幸せと、さらには世界平和への小さな方向づけになってもらえたらという願いをこめたものです。

何かのご縁で、この本を手に取ってくださったみなさんが、ほんの少しでも、その意図を汲《く》んでくださって、元気な明日をめざしてみようと思ってくださったとしたら、こんなにうれしいことはありません。

ダイヤモンドダストがこよなく美しい

北の国のアトリエで、愛用のピアノとともに。

佐治晴夫

宇宙が教える人生の方程式

目次

第二章　人・自然・宇宙、すべては関わり合い相互存在である

第三章　宇宙から生まれ、宇宙に帰る

第四章 真昼の星を見る

装幀　石間 淳
装画　田中涼子
DTP　美創
協力　ヴュー企画

第一章

私たちは「星のかけら」でできている

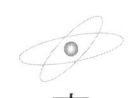

恋の80パーセントはH_2O

「雲は最も夢幻的な詩の対象になる」と語ったのは、フランスの科学哲学者、G・バシュラールでしたが、その一方で、宮沢賢治は、雲を評して「あたたかくくらくおもいもの　ぬるんだ水空気懸垂体」であるとして、「それこそほとんど恋愛自身なのである」と続けています。

なぜかといえば「恋の八十パーセントはH_2Oでなりたって　のこりは酸素と炭酸瓦斯《ガス》との交流」だからというのです。こういうことをさらりといってのける詩人の感性には驚嘆せざるを得ません。確かに人体の80パーセントは水でできており、生きていること、つまり呼吸とは酸素と炭酸ガス、すなわち二酸化炭素の交流です。

さて、ヒトの体を構成する主要元素の優先順位を並べてみると、まず、水の構成要素である水素、酸素、次いで炭素、チッ素の順になります。

そして、宇宙を構成する主要元素の優先順位は、水素、ヘリウム、酸素、炭素、チッ素で、ヘリウムを除けばヒトと同じです。ヒトの体の中にヘリウムがないのは、星に比べてとても軽いヒトの体重では、ヘリウムガスを引き留めておくだけの引力がないからです。こうして考えてみると、宇宙もヒトも同じ成分でできていることになりますね。ヒトは宇宙の一部分、ひとかけらなのです。「自分」という言葉は、文字通り「自」然の「分」身だということなのですね。

私たちは時間の経過とともに、成長し、老いていきます。しかし、年を重ねるということは、体や頭の動きが衰えるという面だけではなく、多くの経験を重ねることでもあり、直観力はより鋭くなっていきます。

これも、人間が宇宙の一部であることを示す一面であって、総合的に考えれば、人間の一生には全盛期も衰退期もありません。室町時代の能の大成者、世阿弥《ぜあみ》がいっている「時分《じぶん》の花」、つまり、それぞれの年代にそれぞれのよさがあるということでしょう。芭蕉《ばしょう》の名句「草いろいろおのおの花の手柄かな」を思い出します。すべての花は、その時期を最善のものとして咲き誇っているのです。

私たちの人生に置き換えると、何事も「今さら」といって諦めるのではなく、その「さ」を「か」に入れ替えて、いつもが「今から」の時期だと考えて生きてみたらどうでしょう。そのことに気づくと人生が変わります。つまり「かわる」とは、「か」と「わ」の順序が入れ替わって、「わかる」ことの結果なのです。それが学ぶということの意味であり、教育とは、まさに、「わかる」ことによって「かわる」プロセスなのです。

冒頭で引用したバシュラールは「世界は知られる前に、まず夢見られる」という意味の名言も残しています。意識的光景である前に、あらゆる風景は夢幻的経験が根底にある、というのです。ささやかな夢であっても、「今から」夢見ることが豊かな人生へと舵《かじ》を切る新たな第一歩になるでしょう。

人間は宇宙のひとかけら。
この一瞬が最善の時間《とき》

人生には適齢期などありません。
いつでも、スタートの時が適齢期なのです。

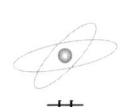

落ち葉に学ぶ相対性理論のからくり

落葉の季節をリルケ風にいえば、「はるかな空の奥深く、大自然の摂理の園の凋落《ちょうらく》を告げているのか、拒むかのように身を振りながら落ちてくる枯れ葉。静かな夜更けには、この地球も夜ごと、星群れの中を孤独の深みへと沈んでゆき、ともし火を受けて眼前に明るむこの手さえも落ちてゆく」という感じでしょうか。秋の静けさはこの「落ちる」ことにあるといいます。

考えてみれば、地球が太陽の周りを公転しているのも、見方を変えれば、太陽の引力に引かれて永遠に落ち続けている現象にほかなりません。

地球の周りの月も同じです。地表面に沿って石を投げれば、地球からの引力によって地上に落下しますが、投げる速さを大きくしていけば、落下点はより遠くまで伸びていき、その速さが毎秒8キロくらいになると、地球の周りを回り始めます。人工衛星の誕生です。回転運動とは落下運動にほかならないということですね。

それにしても、この引力は、どこからやってくるのでしょうか。

ここで、平らに張り詰めたゴムマットの上を小さなビー玉が転がっている場面を想像してください。真っすぐに転がっていきますね。ところが、このマットの上に重い鉄球が載っていたら、その部分だけがじょうごのように大きくくぼんで穴ができるでしょう。その中心には鉄球が沈んでいます。この場合、真っすぐに転がってきたビー玉がそこに差し掛かると、その凹《へこ》みの中に引き寄せられるように落ちてしまいますね。それはあたかもビー玉が重い鉄球の引力に引き寄せられているかのように見えるでしょう。

ところで、現代の物理学では、引力の正体は、目には見えない空間の「ひずみ」だと考えます。一般相対性理論の基本です。

「ひずみ」といっても手で触ることができるような具体的なものではなく、数学の言葉でしか語ることのできない性質です。とすると、日常の私たちの生活とは無関係だと思いたくなりますが、そうではありません。

数学の世界は、直線を考えてみればわかるように、現実の世界ではありません。それは無限の彼方《かなた》からやってきて、無限の彼方まで延びていく幅のない図形を実際に描くことができないことからもわかりますね。

しかし、その直線が3本交わってできる三角形の内角の和が180度だという性質は真理として存在します。そこで、私たちの空間の「ひずみ」が引力を作り出すと考えることによって、宇宙のからくりがうまく説明できるとなれば、そのことから、宇宙の一部分としての人間の生き方、在り方へのヒントが出てくるかもしれません。宇宙、数学、人間の密接な関係です。

さて、目には見えない数学上の空間の「ひずみ」が力を生み出すことがわかりました。この力を及ぼす領域のことを「力の場」といいます。人にも、その人がいることによって醸し出す「場」があり、それらの「場」が作り出す目に見えない力の相互作用が人間関係を作っていると考えることもできます。

具体的には何も教えてくれない師匠であっても、その師匠の近くにいること自体が学びになっている場合もあるでしょう。相対性理論の考え方がとても身近に感じられますね。そんな夢想に浸ってみたくなるのも秋という季節の特質かもしれません。

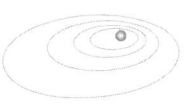

人間関係は目には見えない時空のひずみによって作られる

その人が醸し出す「力の場」が、
相手の心に作用する。

星の奥にも星がある。人の力も無限の広がり

月をこそ眺めなれしか星の夜の深きあはれを今宵《こよい》知りぬる

作者は建礼門院右京大夫《けんれいもんいんうきょうのだいぶ》、鎌倉時代の『玉葉和歌集《ぎょくようわかしゅう》（巻一五雑二）』に収められている短歌で、これまでは月を愛《め》でることが優先されていた時代に、初めて星にまなざしを向けるきっかけになった名歌です。

さて、人々は、太古の昔から星空を見上げ、その先には何があるのだろうと考え続けてきました。そして、この問題に初めて答えを出したのは宗教でした。

例えば、星たちは丸い天井形の空に張りついていて、その外側には神が住んでおり、巨大な機械仕掛けで天空を動かしているというような考えです。神を登場

させることによって、「なぜなのか」という疑問の連鎖に終止符を打って、それ以上の「なぜ」にさかのぼることを諦めたわけです。その「なぜ」型の問いかけに対して「どのように」型への転換、つまり、「WHY?」から「HOW?」への転換を試みたのが、科学的思考でした。

さて、星空の奥には何があるのか、有限なのか、無限なのか……、さらには、宇宙に果てがあるのならば、そこはどうなっているのか。この問いかけに、純粋に数学的立場から一つの結論を与えたのが、一九世紀ドイツの天文学者オルバースでした。

もし、宇宙空間に星たちがほぼ一様に無限に分布していれば「暗い夜はない」という主張です。樹木がほぼ等間隔に生えている森に入ったとして周囲を見渡すと、そこが深い森であれば、周りは樹木でびっしり囲まれているでしょう。ここで、樹木を星に置き換えれば、全天が星で埋め尽くされていて暗い夜はありません。小さい森であれば、樹木の間から外の景色が見えるでしょう。そこでオルバースは、夜が暗いのは星がある範囲は限られていて宇宙は有限である、と結論づけたのです。1826年のことです。

それから約一世紀後の1929年に、今度はアメリカの天文学者ハッブルが、地球から見て、遠くにある銀河ほど、より速く遠ざかっている、言い換えれば宇宙が膨張しているという発見をします。しかも、銀河の後退速度が地球からの距離に比例しているという事実は、膨張には中心も果てもないということを意味していました。

風船の表面に等間隔に水玉模様を描いて膨張させていくと、どの位置の水玉から見ても広がっていく周囲の状況は同じに見えます。つまり、すべての場所が宇宙膨張の中心であり、宇宙の果てでもあるという驚くべき事実の発見です。

最新の研究によれば、地球から約138億光年彼方の膨張速度は光の速度になっていますから、そこから先の情報は地球には到達できず、事実上、これが宇宙の果てだということになりますが、その場所から地球の方を眺めたとすれば、やはり、今、私たちが見ているような情景と同じような宇宙の景色が見えているでしょう。さらに、その地点からの映像が地球に到達するのに138億年かかっていて、その間にも宇宙は膨張し続けていますから、現在の宇宙の大きさは計算上、約470億光年だということになります。

それでは、その奥は？　日本を代表する童謡詩人の金子みすゞが詩の中で、見事な答えを出しています！

「みえない星」

空のおくには何がある。／空のおくには星がある。

星のおくには何がある。／星のおくにも星がある。

眼には見えない星がある。／みえない星はなんの星。

お供の多い王様の、／ひとりの好きなたましひと、

みんなに見られた踊り子の、／かくれてゐたいたましひと。

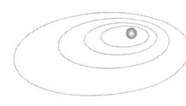

あなたのいる場所が
宇宙の中心であり、
果てでもある

あなたの見上げる星空の中に、
あなたを見つめるあなたがいる！

原子も人生も、ゆらぎながら保たれている

「はい、チーズ」。写真撮影の現場でよく耳にする言葉です。カメラを向けられた人の緊張をほぐして笑顔を要求する合図のようです。レンズ越しに見つめられたり、マイクを向けられたりすると、誰もが緊張します。

私たちが「もの」の在り方や相手の気持ちなどを確かめるには、どんな場合にも、こちらからの働きかけが必要です。暗闇にあるリンゴの存在を確かめるには、電灯で照らし出すか、あるいは、手さぐりで触った感触から判断しなければわかりません。

ところが、そういった働きかけが、相手の状態を乱してしまって、本来の姿ではなくなってしまうこともありますね。

例えば、赤ちゃんが寝ているかどうか、お母さんがそっとゆりかごをのぞいた途端に、赤ちゃんは目をさますかもわかりません。うっかり転んでしまった人に対して「大丈夫ですか」と声をかけたりすると、ほんとうは大丈夫ではないのに、反射的に「大丈夫です」と答えてしまったりします。「大丈夫？」という問いかけが相手の状態を変えてしまうのです。

実は、これが原子分子の世界になると、もっとやっかいなことになります。

例えば、電気の素《もと》である電子の重さは1グラムの一〇〇〇兆分の一の、そのまた一兆分の一くらいですから、電子がどこにあるか確かめようと光で照らしたりすると、光のエネルギーで跳ね飛ばされてしまって、電子の所在がわからなくなってしまいます。よりはっきり見たいと思って光を強くすればするほど、電子は勢いよく跳ね飛ばされて、行方はもっとわからなくなってしまいます。「不確定性原理」などと呼ばれていて、1927年にドイツの理論物理学者、ハイゼンベルクによって発見されたものです。実は、この性質が宇宙の根底にあるために、宇宙は安定に存在しているのです。

例えば、原子の大きさは、1センチの一億分の一くらいですが、その中心には、原子の大きさのさらに一〇万分の一くらいの大きさのプラス電気を帯びた原子核があって、その周りを雲のようにマイナス電気を帯びた電子が回っているとされています。とすれば、なぜ、その電気力で原子はつぶれてしまわないのでしょうか。だって、プラス電気とマイナス電気は引き合っているでしょう?

その秘密は、原子がつぶれようとする状態とは、電子が原子核の近くに落ち込むということですから、その居場所がよりはっきりしてくるところにあります。そうすると「不確定性原理」の効果が大きくなって電子が持つエネルギーが大きくなって広がろうとします。そのバランスで原子はゆらゆらしながら安定なのです。つまり、原子の世界は、いつも、「ゆらぎ」ながら保たれているのです。

人生も同じです。考えることは「ゆらぐ」こと。迷うことは生きること。自然も生き物も「ゆらぐ」ことによって進化してきたということですね。

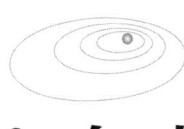

考えることは「ゆらぐ」こと。自然も人間もゆらぎながら進化する

迷いながら生きるのが人生。
迷い、ゆらいでも、
希望さえ見失わなければ大丈夫。

核より怖い小天体の落下

このところ、国内外を含めて、理不尽に人命が失われる事件が多発、それに加えて政府と民衆との間の対立関係など暗いニュースが相次いでいます。

その一方で、２０１５年、国内では、宇宙航空研究開発機構（ＪＡＸＡ）の金星探査機「あかつき」を、金星軌道に投入するという神業としかいいようのない偉業の達成や、スポーツ界では五郎丸フィーバーで沸き返りました。

そんなさなか、人類滅亡につながる天体衝突の危機にさらされていたことを、みなさんはお気づきだったでしょうか。10月10日に発見されていた小惑星２０１５ＴＢ１４５です。

小惑星とは、主に火星と木星との間を公転する無数の小天体で数十万個が確認されていますが、時折、軌道が延びて地球に接近する場合があるのです。それらのほとんどは、地球の近傍を通過するだけで衝突には至りませんが、もし、衝突すれば人類の存亡に関わる大災害をもたらすことになります。このTB145は、ハロウィーンナイトに最接近しましたが、運よく、地球をかすめて通り過ぎました。

ところで、地球に大災害をもたらしたとされる最も有名な天体衝突は今から6500万年前にメキシコのユカタン半島に巨大な隕石《いんせき》が落下した事件で、当時、地球を制覇していた巨大恐竜の絶滅の原因になったといわれています。

また、1908年6月30日には中央シベリアのツングースカ川上空で、巨大な小天体が爆発。東京ドーム4万6000個分の森林が焼失しました。

そして私たちの記憶に新しいのは、2013年2月15日午前9時20分（現地時間）、ロシア連邦ウラル地方のチェリャビンスク州に推定直径17メートル、重さ1万5000トンの小天体が高度数十キロ付近で空中爆発、その明るさは太陽を超えて、地上に影を作り出し、目撃者の大半が、その火球からの紫外線で日焼け症状を起こしたようです。さらに、すさまじい衝撃波で1200人の負傷者を出しました。これは、人類史上、克明な目撃情報を持つ初の人的被害をもたらした天体衝突による災害でした。ニュースでも取り上げられましたから、ご記憶の方もいらっしゃるでしょう。

地球にとっての究極の災害は天体衝突だともいえるのですが、全世界では今、昼夜を分かたず、地球への接近天体を監視しています。国内では岡山県にある美星スペースガードセンターです。

2036年4月13日には、もし衝突すれば広島型原爆数千個分のエネルギーで、日本列島の太平洋側を高さ100メートルの津波が覆い尽くすだろうと予想される小惑星アポフィスが接近します。

今のところ、それに先立つ2029年に地表面から高度3万キロ（地球と月との間の距離のおよそ一二分の一）まで近づき、そこで地球の引力の影響で軌道がずれ、衝突は免れるだろうとの予想です。全世界の国々が宇宙からの威嚇を認識して、互いに武器を捨て、協力し合い、人類存亡の危機に立ち向かう日が訪れることを願うばかりです。

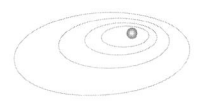

みんなで協力し合い、人類存亡の最大の危機を乗りきろう

今すぐ戦いをやめ、軍事予算を
天体衝突回避研究や難民救済に回して、
人類の未来を守る。

第二章

人・自然・宇宙、すべては関わり合い相互存在である

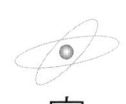

宇宙の中にいる、「見えない」もう一人の私

秋は、星空が美しく輝く季節の始まりです。夜半過ぎの天頂付近には、私たちのすぐ隣のアンドロメダ銀河がほのめき、プレアデス星団（すばる）が上ってきます。

深まりゆく秋の夜空と向き合っていると、宇宙と自分という区分が、曖昧《あいまい》になってくるような不思議な感覚に包まれます。この〝私〟を作ったのはまぎれもなく宇宙であり、その宇宙を見上げているのも〝私〟です。日常生活の中でも、私が見ている〝私〟と、他人が見ている〝私〟は、おそらく違っているはずです。私たちは人の心の中を見ることができないように、ほんとうの〝私〟を自分自身で見ることはできません。いったい〝私〟とは何なのでしょうか。

私たちの心は、片時も留《とど》まることをしません。喜び、悲しみ、怒り、寂しさなどが入り交じって、どれが〝ほんとうの私〟なのかを見定めることはできません。

その一方で、私たちはこの世の中に存在するすべてのものは、同じ基本物質たちの組み合わせでできていることを知っています。水は水素と酸素からできていますが、その中の水素は、星の中にある水素と同じ水素ですし、酸素は、私たちが吸っている空気中の酸素と同じものです。

ところで、私たちが生命活動を維持するために吸っている酸素は、体の中にある肺を通して、血液に送り込まれます。そして、体の中で活動した後は、二酸化炭素に姿を変えて再び呼吸によって、空気中に放出されます。その二酸化炭素を、水と太陽光の力を借りて、私たちに必要な酸素に変えてくれるのが、植物です。つまり、植物は、私たちの体の外にある〝もう一つの肺〟のようなものですね。

言い換えれば、私たちは、植物のおかげで生きているといえます。ですから、極端な表現かもしれませんが、樹木を切ることは、自分の体の外にある〝もう一つの肺〟を切ることにもなります。これが、科学の立場から見た「樹木をみだりに伐《き》ってはいけない」理由です。

このように考えていくと、どこまでが自分の体なのか、自分と他との境界線がぼやけてきます。私たちは健康な時には、自分の体は自分の持ちものだと思っていますが、いったん、健康を損ねると、自分の意思で、体をコントロールできないことに気づきます。風邪をひいて、早く治したいと思っても、治る時期がこない限り、それは無理な注文です。

自分の持ちものであって、自分の持ちものでない体！ 私たちは、知らず知らずのうちに、他人や外界のものたちと関わりながら生きています。喜びや悲しみも、自分以外のものがあってこそ、生まれてくるものです。

こうして考えてみると、この宇宙の中には、目に見えない〝もう一人の私〟が存在しているということにもなりますね。

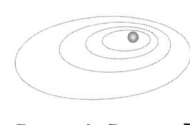

喜びも悲しみも他人がいるから生まれてくる

あなたは、自分以外のものからできていて、
他との関わりがあなたを作っている。

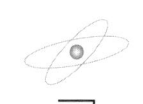

「88」という不思議な数

みなさんは、ピアノの鍵盤の数を数えてみたことがありますか。88です。オクターブでいえば、7オクターブとちょっとです。それにしてもどうして88なのでしょう。

世界で初めてピアノが作られたのは1720年頃、作者はイタリアのクリストフォリです。その時の鍵盤数は54、モーツァルトの時代は61前後、ベートーベンの時代になると78まで増えていきます。これは、弦の張力を支える鋳物の鉄骨技術が発達してきたことと、ベートーベンが広い音域を使った作品をたくさん書いたからでしょう。

さて、音の高さは弦や空気などが1秒間に何回振動するかで決まり、その回数を振動数といって、単位はHz（ヘルツ）です。オーケストラで音合わせをする時に使うのは通常、440ヘルツで、ピアノの鍵盤でいえば、真ん中辺りのハ長調の「ラ」の音になります。不思議なことですが、この音は統計的に見ると、赤ちゃんが出生時に発する産声の高さに近いそうです。

ところで、人間の耳が音の高低を聞き分けられる振動数の下限は、25ヘルツ前後で、上限は4200ヘルツくらいです。調律法にもよりますが、現代のピアノの最低音は27・5ヘルツ、最高音は4186ヘルツです。この音域は、オーケストラで最低音を出せるコントラファゴットや、最高音を担当するピッコロの音を十分にカバーしています。フランスの作曲家、M・ラベルのピアノ曲「水の戯れ」にはその最高音と最低音の両方が使われています。

一方、低音部側が9鍵多く全体で97鍵盤のピアノもありますが、この低音部は、実際に弾くためではなく、他の鍵を弾いた時にその弦と共鳴して音を豊かにするために特別に設けられたものです。88鍵は人間の聴覚に合わせて作られた最終結果だったのです。

　ここで、付け加えておきますと、人間の耳に聞こえる可聴音すべてを仮にピアノの鍵盤で作るとすれば、約120鍵盤が必要になります。こうして考えてみると、私たちが識別できるすべての音域をカバーしていて、指10本で同時に違った音を鳴らせるという意味で、ピアノは楽器の王者なのですね。

　ところで、現在、世界で制定されている星座の数も88です。

　今から1万年以上前に描かれたというフランスのラスコー壁画には、牡牛座《おうし》のプレアデスや夏の大三角形を思わせる模様があることから、人々は太古の昔から星の配列に注目していたことが推測されますが、星座という形を定着させたのは、数千年前、今のイラクを中心としたメソポタミア地方の人々だったようです。それがギリシャに渡り、神話と結びつき、コロンブス、マゼランらの大航海時代になると、南半球の星々が加えられて200以上の星座が生まれました。そこで、1928年に国際天文学連合が乗り出し、今の88に整理されました。星座に科学的意義はありませんが、星空の住所としてはとても便利です。

そのほか、春分から88日目の八十八夜、お寺の八十八ヵ所めぐり、88歳を祝う米寿、そして88を横に倒せば、無限大の記号〝∞〟が重なって超無限大!? 88は不思議な数です。

最後に一つ。星座の数が88ならば、89番目の星座をあなたご自身で作ってみてはいかがでしょう!?

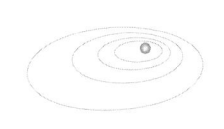

ピアノの鍵盤88音の中から宇宙が聴こえる

八十八夜、八十八ヵ所めぐり、88歳の米寿、
88という数字に縮約される人間世界の不可思議。

πは何でも知っている

私たちの身の回りには、「まるい」ものがたくさんあることに驚きます。太陽や満月の形から、食器、テーブル、照明器具などの家財道具、衣服のボタンから車輪に至るまで「まるい」ものでいっぱいです。

「円」といえば、ある一点（中心）からの距離が一定な点の軌跡、ということになりますが、これは、開いたコンパスをぐるりと回して円を描くことからもわかりますね。陶器などに円形が多いのは、素材をろくろに載せて回転させながら指やヘラの位置を固定して削っていけば、必ず円形になるからです。他の形に比べて円はとても作りやすい形なのです。

それに加えて、円が平面に接触するのは一点ですから、転がりやすいという性質があって、太古の昔、人々は重いものを運ぶのに、切り口が円形の丸太を下に敷いて動かす方法に気づいていました。車輪の始まりです。重さ2トン以上あるスポーツカーを時速300キロ近くの高速で走らせるタイヤも、その接地面積はわずか数十平方センチ。目に見えない空気のクッションが、よい乗り心地を実現するという発明もありました。

さて、これほど身近な円も現実には存在しません。幅を持たない直線が存在しないように、幅を持たない曲線も存在しないからです。でも、円周の長さや面積は、きちんと計算することができます。そこでは、みなさんもご存じの円周率π《パイ》が活躍します。円周の長さは直径の3・14倍であるという、おなじみの数値です。

でも、この3・14という数字は際限なく続く〈3・14159265 3……〉の最初の3桁に過ぎません。しかも、1000万桁まで計算した値を並べてみると、すべての数字が、およそ100万回ずつ出てきます。ということは、0が出てくる回数も1や2が出てくる回数もほぼ同じで、すべての数字の出方は均等で予測できないのですから、純粋のでたらめさを備えた不思議な数なのです。

1兆桁まで計算してみても、1兆1桁目は誰も知りません。数字の現れ方に規則性がないということは、つまり、この世に存在するあらゆる数字の列が、どこかに潜んでいるということです。例えば、西暦から並べて書いた私の誕生日〈19350131〉は、1億桁までの間に何回も出てきますが、最初に現れるのは、5812万8835～42桁です。あなたも含めて、全世界の人たちの誕生日も入っていますし、アルファベットや楽譜に現れる音符に番号づけをすれば、この世に存在する、ありとあらゆる小説や音楽のすべてもπの中に含まれています。

ここで、もし円周率を3だとすれば、それは正六角形です。つまり、図形が真円である限り、πは無限を含むのです。また、円の接線上の接点と円の中心Oを結ぶ線が再び円周と交わる点Aと円周上を動く点Bを結ぶ直線が接線と交わる点Cは、BがAに近づくほど遠くに移動します（48ページの図参照）。もし、Bが

Aに限りなく近づけば、Cは無限の遠点に飛んでいってしまいます。点と無限が一対一に対応するのです。「一粒の砂の中に世界を、一本の野の花の中に天を見るように、手のひらに無限を、ひとときに永遠をつかみなさい」――W・ブレイクの詩が心をよぎります。πは何でも知っている神秘的な数なのです。

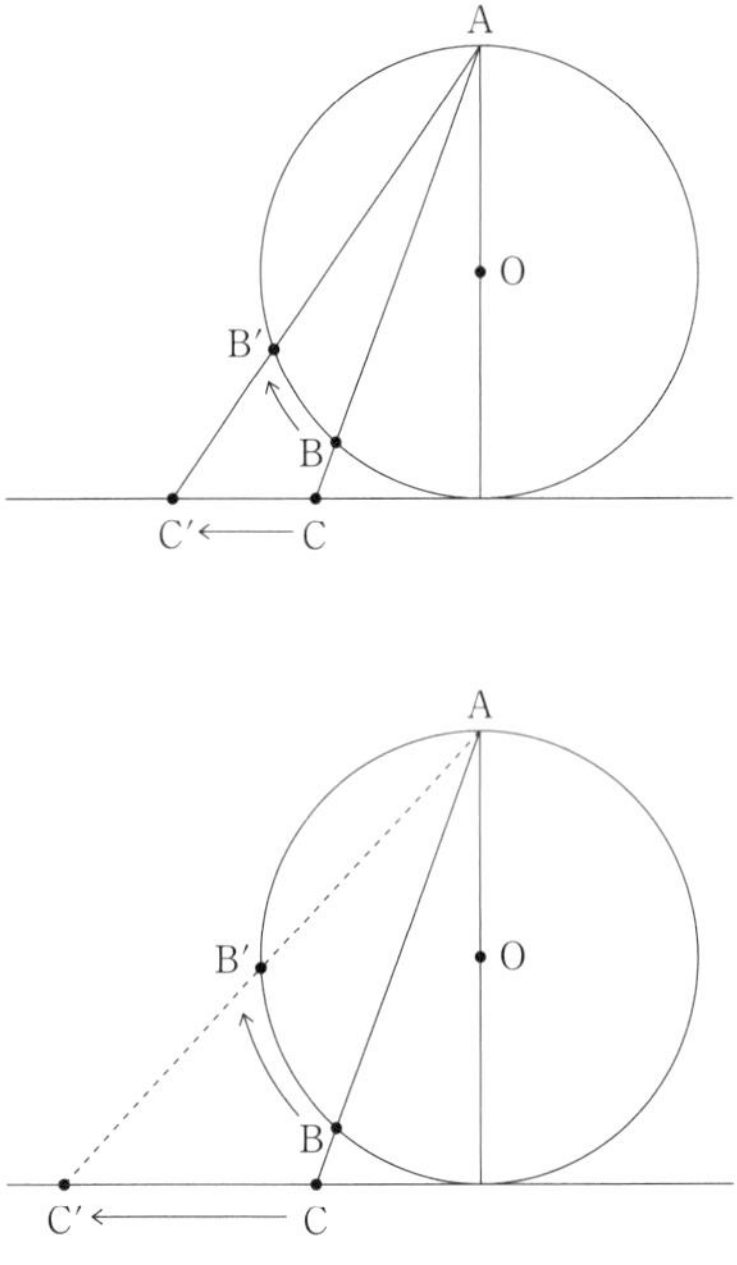

πは、でたらめだからこそ出現した数字の宝庫

この世に存在するあらゆる数字の列は、
πのどこかに必ず潜んでいる。
あなたがこの宇宙の一部であるように。

味覚を獲得した脳が社会を生んだ

私たちにとって、生命を維持するためには欠かせない営みの一つに「食べる」ということがあります。にもかかわらず世界中には多くの飢餓に苦しむ人たちがいて、一方では、食物をゲームの遊び道具にしたり、早食い競争など、飽食の時代などという表現ではすまされない方向への暴走が目立ちます。

私たちの祖先は、今からおよそ600万年ほど昔に、四足歩行から二足歩行をする猿人へと分化しました。

それまでの食生活はおそらく、自然の中に食べられそうな食物を見つけながらの生活だったと推測されますが、直立することによって、重い脳を効率よく支えることができるようになると、道具としての石器を発明し、狩猟の方法や食べ方にも変化が見られるようになったそうです。今から200万年ほど前のことです。

やがて、50万年くらい前になると、火を発見し、加熱調理へと食生活は大きく変わっていきます。そして20万年前には、土器を作り出し、「味わう食事」へと変わっていったようです。そして、今のアフリカの草原を起点として、人類の大移動が起こったのは、今から6万年ほど前で、さらに、今から5000年前には、古代文明が誕生し、産業革命の時代を経て、情報革命の時代といわれる現代に至りました。

ところで、生命維持のための生理的欲求としての「喰《く》う」からより高度な精神性を求める「食べる」への変革をもたらしたものは、味覚の四つの要素、すなわち「甘い」、「酸っぱい」、「塩辛い」、「苦い」に加えて「うまみ」の発見です。

実は、その「うまみ」とグルタミン酸との関係を解き明かし、食と脳との関係を明らかにして世界の脚光を浴びたのは、畏友T博士でしたが、博士によれば、胃の中には、脳に直接つながる検知部分があって、食欲のコントロールや顔の表情をつかさどる神経の伝達系があるのだそうです。精神状態と食欲などとの関連が見事に解明されてきたわけです。

誰でも、おいしいものを食べることによって、表情がゆるみ、互いのコミュニケーションの度合いが深まります。

しかし、これは人間世界の話であって、チンパンジーは相手に食物を与えることはしても、人間のように相手と対等に分かち合う関係は作れないといわれています。群れを作らない限り生きていけない孤独な私たちにとって、ともに食することは、重要な意味を持っています。

人間の食事の特徴は、与えることの喜びと、与えられることへの感謝の共存にあります。これからの食物栄養学には、健康に関わる臨床的な立場だけでなく、平和な環境を招来するためには不可欠な食事という視点がぜひとも必要だと思います。

瞬時に世界とつながってしまう現代の高度な情報社会は、よりバーチャル（仮想的）な世界へと人々を追い立てています。

そこに歯止めをかけるのは、ともに分かち合う食事であり、「いただきます」「ごちそうさま」という言葉こそが平和への合言葉になるといっても過言ではないでしょう。

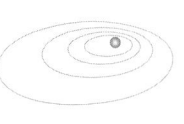

ともに食べ、
分かち合う能力の獲得こそが、
動物から人間への
進化の鍵になった

「いただきます」と「ごちそうさま」は
平和への合言葉。

引力がデザインしたヒトの形

イギリス最高の学問の殿堂、ケンブリッジ大学がある街並みは、どこを歩いても学問と芸術の香りでいっぱいです。ところが、大学の大聖堂が見える道の反対側には、愛らしい「テディーベア」の専門店があって、その意外な組み合わせの構図が、何とも自然に見えてしまう不思議な街です。

さて、テディーベアで思い出すのが、アメリカ第二六代大統領、ルーズベルトさん。言い伝えによれば、大統領がクマ狩りに出掛けた時、愛らしい子グマを見て、撃つことができず、そのまま森に逃がしたということから、大統領の名前、テオドールの愛称「テディー」が、ぬいぐるみの呼び名になったということです。1902年のことだそうです。

ところで、クマといえば、人間にとっては怖い野生動物です。しかし、生まれて間もない赤ちゃんグマは、誰の目にも、可愛らしく映ります。なぜ、そうなのか、その答えは、子守歌の中にあります。長い間、モーツァルトの作品だとして、世界中で愛唱されてきましたが、近年、フリースの作品であることがわかった有名な子守歌です。「眠れ、よい子よ、庭や牧場に、鳥も羊もみんな眠れば、月は窓から銀の光を……」という邦訳で広く知られていますが、その三番を原語のドイツ語で読むと、「あなたの愛らしい寝顔を見たら、どんな人でも、慈悲深い神さまになるでしょう」という箇所があります。

つまり、子どもは、自分の身を守るために愛らしくできているというのです。といっても、ただ、小さければ可愛いというものではなく、そこには、大人の大きさに対して適度に小さいという条件があります。例えば、カンガルーの赤ちゃんは、お母さんのふくろの中から頭を出すくらいになると愛らしいのですが、ふくろの中で、乳房にぶらさがっている時期は、あまりにも小さ過ぎて不気味です。

その一方で、大き過ぎるぬいぐるみも不気味です。かつて、遊園地のオーナーから招かれた「ぬいぐるみパレード」で、巨大なキティちゃんの着ぐるみにハグされた時の恐怖は、いまだに忘れられません。可愛いキティちゃんにも、適当な大きさがあります。

実は、私たち人間が今くらいの大きさであることにも、理由があります。遊園地で見かけるような巨大な石像くらいのサイズの人間は存在し得ません。もし、相似形のまま、身長が二倍になれば、表面積は四倍になりますから、体表面からの熱放射も変わり、内臓は新しい構造でなければなりません。また、体積は八倍になって、重さも八倍になりますから、それに耐えうるような骨の構造や足の太さが必要になり、姿、形は今とは異なるものにならざるを得ません。私たちの形は、地球の引力や、地上の温度などが決めた形なのです。つまり、すべてのものには、分相応の大きさというものがあり、人間も、自然の中で、分相応に生きることが、人類の存亡を決めることになるのでしょう。

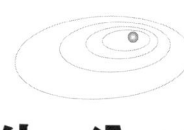

すべてのものには分相応の大きさと生き方がある

私たちの形は地球の引力の大きさと、
地上の温度によって決められたベストバランス。

異常気象は地球の自己治癒力の表れ

北半球では、冬になると、太陽の高度が一層低くなります。そう、低くなるからこそ、地表面の単位面積当たりに落ちる太陽光のエネルギーが少なくなって寒くなるのです。

しかし、その分、窓から室内の奥の方まで光が差し込みますから、晴れた日にはカーテンをいっぱいに開けて部屋を暖めることもできます。温室効果です。それは光によって暖められた空気から出てくる赤外線をガラスがさえぎって外に出さないようにするからです。

環境問題で話題になる温室効果は、窓ガラスの役目を二酸化炭素が果たすので、その量が増えると、気温が上昇するというからくりです。ですから、温暖な地球環境を作るには、この二酸化炭素による温室効果が必要ですが、太陽熱の吸収と放出のバランスを崩してしまうくらい二酸化炭素が増えてしまうと、地球全体の平均気温が上がってしまい、環境破壊につながってしまうのです。

しかし、地球の側から見ると、極端な温暖化による異常気象は、台風や雨を降らせて地球の温度を下げようとする自己治癒力の表れでもあるのです。人類と地球が共存するためには、お互いに平衡点を模索しながらバランスを取っていくことが必要だからです。

ところで、地面1メートル四方に落ちる日光のエネルギーは、平均すると約1・4キロワット！　この熱量を逃がさずにうまく使えば、ご飯を炊くのに十分なエネルギーです。

太陽からのエネルギーは、地球から約1億5000万キロ離れた太陽の表面から周囲に満遍なく放出されていることから、太陽全体が出しているエネルギーを計算することができます。

その結果は、4の後に0を26個つけた〝ワット〟になります。4000兆ワットの1000億倍です。ものすごいエネルギーですね。そこで、この数値からアインシュタインの相対性理論を使って、太陽がどれくらいの量の体重を削りながら、エネルギーを生み出しているか計算することができます。その答えは、太陽は毎秒400万トンずつ体重を減らして、それをエネルギーとして放出していることになります。

まるでローソクが身を削りながら周囲を明るく照らしているかのようですね。このことから、おそらく太陽は、あと50億年くらいは輝き続けるだろうと推測できるのです。

さて、その一方で、私たちには体温があります。それは、食事をすることによって、体内でエネルギーを作り出しているということですね。

通常の大人では、1日の必要食物摂取量は2000キロカロリー前後ですから、これをワットに直せば100ワット。そこで、大人の平均体重が60キロだとして、先ほどの太陽が生み出しているエネルギーを太陽のひとかけら60キロ当たりに換算してみると、なんと0・012ワットになってしまいます。

つまり、同じ体重当たりで比較すると、生きている私たちは、太陽の約一万倍のエネルギーを作り出しているということになります。生きている幸せを実感させてくれる肌のぬくもり、これがエネルギー発生効率から見た物質と生命の大きな違いです。

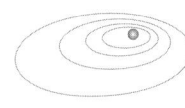

生きている人間が
生み出すエネルギーは
太陽の一万倍！

エネルギー発生効率の違いに垣間見る
物質と生命の大きな違い。

白黒つける科学、丸ごと受け入れる宗教

北アメリカ五大湖の一つ、スペリオル湖のほとりに、オジブエ族と呼ばれているネイティブ・アメリカンの人たちが住んでいます。その居住地の近くに、カナダ領のサドバリーという街があって、そこで、世界の子どもたちと一般市民を対象にして宇宙の話をしたことがあります。

この街のシンボル旗は、流れ星、というのも、地球が生まれて間もない頃、この土地に巨大な隕石が落下し、その星の芯の大部分がニッケルでできていたために、世界一のニッケル鉱山として潤ってきたからです。今でも、街の一角に立つと、大きさ数十キロに及ぶ広大な衝突痕を見ることができます。

私の講演をオジブエ族の祈禱《きとう》師が聞きにきていたことがきっかけで、彼らの居

住地を訪れる機会に恵まれました。風光明媚《めいび》なアップダウンの山道を、道端に自生するブルーベリーの実をつまみながら歩くこと3時間、やっと居住地に着くと、今度は、歓迎の踊りの輪に囲まれて1時間、その後、野生のお米を主食にした料理を食べながら、酋長《しゅうちょう》たちとの懇談になりました。

その内容は、どれも示唆に富む話ばかりでした。例えば、現代科学では、命の始まりは小さな単細胞で、そこから樹木や魚が生まれ、そして人間に進化したとされていますが、彼らの世界観では、始めは、すべて人間だった。そこに創造主が現れて、人間を木や魚や動物に変えたのだから、私たちの周りに存在するすべては、同じ仲間の友だちだというのです。だからこそ、自然の声に耳を澄ますことで、みんなと調和しながら豊かに生きていけると考えているようでした。

この考え方は、物質から心へと向かう現代科学の思考とは逆で、いかにも逆説的に聞こえますが、よく考えてみると、自然界の理解は、それを認知できる心あってのことですから、始めは、すべて人間だったとするこの考え方を真っ向から否定することはできません。また、善と悪についても、元は互いに同じもので、それらが、入れ替わりながらバランスを取っていることで、人間は生きていられるとも考えていて、薬も過ぎれば毒になる、という考え方がしっかりと根づいているのが印象的でした。

さらに私の心に大きく響いたのは、日常のすべての出来事は、例外なく、創造主、つまり神の意思によるものであるという絶対的信仰でした。これは、どのようなことが生じても、それは神の意思であるとして、丸ごと受け入れるという姿勢です。その背景にあるものは、神の御心のままにと、神にすべてを預ける謙虚さであり、それを保障するのは、決して自分たちを見捨てることをしないという神への信頼です。それは、自分たちで、白黒の決着をつけない限り安心できないという現代社会特有の病理への静かな挑戦であるかのようです。

現代の最先端科学とネイティブたちの素朴な宗教観が調和して、穏やかな時の流れに包まれていたあの日のことを思い返しています。

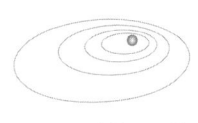

創造主が人間を木や魚や動物に変えたのだから、みんな仲間

ネイティブ・アメリカンの自然観は、
現代科学とはそぐわないが、周囲と調和し、
豊かに生きるためには理にかなっている。

相対性理論の基本は、相手に寄り添い、えこひいきしないこと

昭和の「小国民」として苦痛を我慢することの訓練を受けてきた世代の私でしたが、我慢の限界を超えるような痛みを経験したことがあります。それはがんに罹患《りかん》した臓器全摘を行った後のこと、その合併症を発症していて、開腹手術を受けた時のことです。その術前処置で行われるカテーテル挿入時に何らかのトラブルがあったようで、内臓内壁が傷つけられたのが原因でした。脂汗を流し、食いしばった歯が折れてしまいそうな、まさに「因幡《いなば》の白兎《しろうさぎ》」の痛みに翻弄《ほんろう》される中で、ふと脳裏をよぎったのは、今から六十数年前に、初めて高校の授業で出合った古典、紫式部《むらさきしきぶ》、鴨長明《かものちょうめい》と並ぶ日本の三大随筆とも称される鎌倉時代の兼好法師《けんこうほうし》の『徒然草《つれづれぐさ》』の一一七段、〝友とするに悪《わろ》き者〟でした。

そこには、酒を好む人や、虚言を吐く人、つわもの、など七つの例があげられていますが、私が思い出していたのは、「三つには、病なく身強き人」の箇所でした。健康一辺倒で病の経験がない人は、他者の痛みがわからないから「悪き友」だということなのでしょう。確かに他者の痛みは、理解の範囲外にあって、自分の体験から推測するのが精いっぱいです。今回の激痛体験はそのための貴重なレッスンになりました。

他者とともに生きるしかない人生には、無病息災よりも、むしろ一病息災、いえ、年を重ねるにつれて多病息災の心構えが必要なようです。

さて、つい最近、重力波の検知に成功したというニュースが世界を駆け巡りました。あまりにも大きな発見だったために、日本を含め、競合関係にあった研究グループすべてが、先を越されたという感覚を通り越して、人類全体の快挙だとして讃《たた》え合ったのが印象的でした。

重力波は、アインシュタインの相対性理論から帰結される時空のゆらぎですが、目には見えないこれほどまでに超極微なゆらぎが観測されたことには驚きを禁じ得ません。ところで、この相対性理論のうち、等速運動を扱う特殊相対性理論では、他者と自分の立場を同等だと考え、だからこそ、他者が違って見えるとも説きます。

ホームを離れる電車から見れば、止まっているはずのホームは電車とは逆向きに動いています。一方では、地表面に固定されているホームは、秒速20キロの速さで太陽の周りを動いているのですからホームが止まっているともいえません。しかも、ホームの上でも動いている電車の中でも同じ物理法則が働いています。その事実から、それぞれの世界（状況）では固有の時間が流れていることが導き出されます。

絶対的な時間の流れは存在せず、あなたと私の時間の流れは同じではありません。「固有時」です。相対性理論は、見方を変えれば、相手に寄り添って他者の尊厳を認めているようにも見えますね。

人間は一人では生きられません。英語のコンパニオン（仲間）という単語は、パンを分かち合うという意味です。医療の役割も含め、相手に寄り添い「個を生かし、個をつなぐ」生き方が平和への第一歩でしょう。痛みと『徒然草』と相対性理論が織り成す病室での心象風景です。

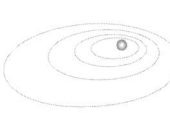

実感できない相手の痛みも、想像することはできる

痛さを経験した人は、相手の痛みにも敏感になれる。
〝私とあなた〟の関係を、〝あなたと私〟にひっくり返すことが平和への第一歩。

第三章

宇宙から生まれ、宇宙に帰る

人間の誕生も宇宙進化の1ページ

真砂《まさご》なす　数なき星の　其中《そのなか》に　吾《われ》に向かひて　光る星あり

これは、明治を生きた歌人、正岡子規が晩年に詠んだ歌です。砂浜に寝転んで、潮騒の音に身を任せ、星空を眺めていると、視覚・聴覚からの刺激が、私たちの体を丸ごと太古の昔へといざなってくれます。

それは、ひと言でいってしまえば、星のまたたき、つまり星からの光の強弱の変化と、潮騒の音のリズムが人類の進化の途上で、脳に深く刻まれた宇宙の根源的性質とぴったり共鳴するからでしょう。つまり、すべての物質を作る素になる元素たちは、ことごとく星の中で合成され、星が超新星爆発という形で終焉《しゅうえん》を迎えた時、宇宙空間にばらまかれます。私たち人間も、その「星のかけら」が集まってできているのですから、脳の中に、はるかな宇宙進化の記憶が刻み込まれているといっても言い過ぎではありません。とりわけ、宗教的体験の中でも宇宙や自然との一体感が、悟りの極致であるといわれる所以《ゆえん》です。

さて、私たちの体を含めて、樹木や魚も、燃えると黒くなります。これは、生物の素が炭、すなわち炭素であることを物語っています。しかし、この炭素だけが、ある特別な構造になるように結合すると、ダイヤモンドになります。ということは、物質の素の組み合わせ方の違いが、あなたになり、この本になり、そしてダイヤモンドにもなっているというわけです。

そして、私たちが一生を終えた時、私たちの体を構成していたすべての物質たちは、再び、小さな粒子となって、地球に戻り、数十億年後に、太陽が地球をのみ込むほどに大きく膨張すると、宇宙の霧となって、宇宙に戻ることになります。私たちの存在は、このような広大無辺な宇宙進化の中のひとこまなのです。

ところで、先日、近隣の病院でＭＲＩ（磁気共鳴画像化装置）検査を受けました。強力な磁界を発生する狭いトンネルの中に入って、体の断面を撮像する技術ですが、骨のわずかな凹凸や神経１本に至るまで鮮明に写し出されていて、正直なところ、びっくりしました。

実は、このＭＲＩは、今からおよそ半世紀近く前、私が東大の研究室で、原子核と、それを取り巻く電子の状態の研究に従事していた頃、最先端をゆく実験技術として、注目されていた手法が基礎になっています。その当時は、物質の本質に迫る理論研究は、日常生活とは無縁だと決めつけられ、予算削減に苦しめられながらの研究生活でしたが、この純粋な基礎研究が、いつの間にか今日の優れた医療技術に結びついたことに、ある種の感動を禁じ得ません。

そういえば、先日、内視鏡越しに初めて目にした自分の体内の風景は、宇宙の果てに抜けるタイムトンネルを想像させる雰囲気で、小さい自分の体内に大きな宇宙を見る思いがしました。ミクロとマクロは、つながっているかのようですね。

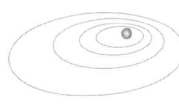

脳の奥には太古からの記憶が刻み込まれている

星のかけらから生まれた私たちは
やがて小さな粒子となって地球に戻り、
いつかは霧となって宇宙に戻る。

終わりのない今日から明日は始まる

私たちが、夜、安心して眠りにつくことができるのは、無意識のうちに、明日になっても、今日の私であり続けられるのは当然のことだと感じているからでしょう。しかし、細胞レベルの例で考えれば、ひと晩で数千億個の細胞が新しい細胞に入れ替わりますし、さらに、もっと小さな原子分子レベルで見れば、目まぐるしい生成消滅が繰り返されているのですから、同じ自分のまま留まっているわけではありません。

にもかかわらず、いつも同じ自分であり続けられるという感覚が持てるのは、おそらく、脳の中には、過去の出来事として記憶されている部分があり、それが、他者との関わりに起因する認識でありながら、一方では、いまだ記憶には至らない未来という区別があるからでしょう。となると、ぐっすり眠っている間に脳が感じている時間とは何なのか、そして、翌朝、目覚めた時に、それを翌日だと認識する脳も不思議ですね。

ところで、今日が終わると明日ですが、その始まりは午前0時0分0秒です。それでは、その瞬間の少し前に今日の終わりがあるのかといえば、午後11時59分59秒9999……、のように、いくつ9を連ねてみても、明日の0時0分0秒にはなりません。実は、今日の終わりは存在しないのです。この事実こそが、時間の連続性なのです。この当たり前（？）のことに、初めて気づいたのが、ドイツの数学者、デデキンド、1858年11月24日のことです。実数の連続性の発見です。

さて、ここで、時間の流れを1本の直線で表すことにして、その直線上に、今日の最後の58秒、59秒、そして明日の始まりの0秒というように1秒ごとに点を打っていったとします。すると、59と次の0との間には、59・1、59・9、59・

99、59・999、……というように無限個の点がひしめいていますが、いつまでたっても、次の0の位置との間には隙間《すきま》ができて0には到達できません。これは、ある瞬間と、それに隣り合う連続した次の瞬間というものが存在しないことを意味します。すなわち時間の瞬間区分は、瞬間と瞬間の間に隙間を生み、不連続になってしまうということなのです。

あるいは無限個の瞬間がつながって連続性があるのだともいえます。時間が連続して流れているのであれば、明日の始まりはあっても、今日の終わりは存在しないって不思議ですね。これは、時間というものが、究極の単位としての瞬間からできているのではないということを示しています。

どうやら、私たちが感じている瞬間とは、数学的な点ではなく、ねばーっとしたある広がりを持つ時間の領域だということになりますね。素粒子論での空間領域の単位として素領域という呼び方にならえば、素時間とでもいいたいような世界です。

そこで、まとめていえば、終わりのない今日から明日への曲がり角をつなぐものが、数学的には連続した時間の流れだとすれば、寝ている間に、いつのまにか、明日になってしまう私たちの日常時間を作ってくれるのが睡眠です。

明日とは「明るい日」と書きます。それは、明日という日は、希望に輝いた日であってほしいという人間の願いなのかもしれません。

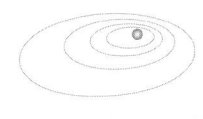

連続しているのに
隙間があるという
時間の不思議

「広がり」を持った瞬間という矛盾が、
今日を明日につなぎ、そこに眠りの意味がある。

ロボットの自然な動きは、絶妙な相反バランスの中にある

以前、自宅玄関入り口にある石の階段で転び、ひざと手の指を強打したという苦い経験があります。両手に重い荷物を持っていたことと、玄関ドア前に置かれた荷物が強風にあおられていることに気を取られ、左足が十分に階段のステップにかかっていなかったことが原因でした。改めて、人間を含めた動物の歩行が極めて微妙に制御された動作であることを思い起こさせてくれる出来事でした。

というのも、二足歩行ロボットの研究者である知人が、人間の歩行を細かく分析して、その動きをコンピューター制御しても、自然な歩行ができない、と話していたことを思い出したからです。つまり、私たちの歩行は、筋肉の弛緩《しかん》、緊張という反対の働きのバランスが脳の指令だけによるのではなく、筋肉自体の中に、

固有の特性として仕組まれているということなのだそうです。

体の部位が、独自の自律的運動の制御機能を持っているということですね。確かに、冒頭にお話しした私の事故も、いつものように前に向かって歩いていこうという脳からの指令を受けていながら、足の方がつまずいてしまったわけです。これは、加齢による運動機能の低下が、脳、つまり気持ちの上では意識されていなかったか、あるいは、筋肉の自律機能が衰えていたことを意味します。

別の表現をすれば、疲れを自覚していなくても、実は、体は疲れているという状況が起こっているということです。クルマの運転や講義なども、「若い現役学生と対等に」などと張り切っていたことへの反省のきっかけになりました。

私たちが自然に歩くという運動が、脳からのきめ細かい指令だけによるものではなく、半ば自律的であるという事実は、日常生活にとっても極めて教訓的なことだと感じています。それは、自然界の根源的法則であるとされている「作用・反作用の法則」、これはニュートンによって定式化されたもので、相手を押せば同じ力で押し返されるというようなものですが、この相反する力のバランスが、一番無駄なエネルギーを使わない自然な動きを作り出す大本だからです。バレエダンサーが腕を広げる時の所作から、名人による茶道のお点前《てまえ》の動きまで、すべてこの自然の理にかなっているようです。

そういえば、一二世紀から一三世紀にかけて、イタリア中部のアッシジに生まれ、謙遜《けんそん》と服従、愛と清貧の生き方を徹底し、人間と自然との調和を実践しようとした聖人、フランチェスコがその〝平和の祈り〟の中で「理解されるより理解することを、許されるより許すことを」と訴えているのも、こちらからの働き、すなわち作用と、それに対する相手の反応、つまり反作用のバランスにおいて、真の平和がもたらされるということをいいたかったのでしょう。つまり、人の「善き行い」も、こうすれば、ああなる、といったような演算の結果、生じるものではなく、「あなたが喜んでくれて、とてもうれしい」という理屈抜きの単純な反射反応のようなものなのかもしれません。

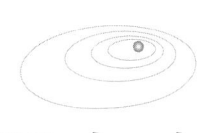

与えることによって与えられる、バランス加減が調和を生み出す

ダンサーの美しい所作から、
名人のお点前の動きまで、
自然の理にかなった動きには
「作用・反作用の法則」が働いている。

七福神は三つの国の神さまによるハイブリッド

桜の季節が終わると、新緑に向けての行楽シーズンが始まります。その中でも、昔から庶民の間で親しまれてきたのが七福神めぐりでしょう。それぞれの神さまが祭られた神社仏閣を順に参拝して福を受け取るという日本古来の風習の一つです。ここで、興味深いのは、どの神さまも神社、仏閣の区別なく祭られていること、それに加えて、恵比寿《えびす》さまを除いて、他の六人はすべて外国からやってきた神さまだということです。

まず、恵比寿はイザナギノミコトとイザナミノミコトとの間に生まれた最初の神、ヒルコノミコトだとされています。言い伝えによれば、生まれながらに成育が悪く、3歳になっても歩けなかったので、両親によって葦舟《あしぶね》に乗せられて海に流されましたが、幸運にも助かり、タイと釣りざおを持った幸せを招く神になりました。

次の代表格は大黒天《だいこくてん》です。頭巾をかぶり、打ち出の小づちを持ち、米俵を踏みつけた姿で福徳や財宝を与える神で、インドのヒンズー教のシバ神の化身、マハーカーラです。この神はもともと大日如来《だいにちにょらい》の化身ともいわれ、戦いの神でもあったようですが、出雲《いずも》のオオクニヌシと合体してにこやかな姿になったのだそうです。

さて、唯一の女神である弁財天《べんざいてん》は、美と知恵と音楽をつかさどるヒンズー教の神ですが、日本にきた後、福岡の宗像大社《むなかたたいしゃ》のイチキシマヒメノミコトと一体化しています。

次に、布袋《ほてい》は弥勒菩薩《みろくぼさつ》の化身としてあがめられていた中国の禅僧がモデルで、開運、良縁、子宝の神です。

頭長短身の老人として描かれる福禄寿《ふくろくじゅ》と寿老人《じゅろうじん》は、ともに中国に起こった道教の神で、長寿をつかさどっています。そして、全天一明るい「おおいぬ座」のシリウスに次いで明るい「りゅうこつ座」の一等星、カノープスの化身だともいわれています。カノープスは、日本では正月明けから早春にかけて真南に近い地平線ぎりぎりのところに赤く輝く星で、南極老人星と呼ばれています。

残る毘沙門天《びしゃもんてん》は、インド神話に出てくる財宝神・クベーラ神で、日本の仏教では護国護法の神、四天王の一人で、別名・多聞天《たもんてん》です。

このように七福神は、日本の神の他、中国やインドの神々が日本の神と合体した集団で、それぞれが持ち味を生かしながら協力し合っているところが魅力的です。

一方、私たちの身の回りを見渡すと、個人レベルから国家レベルに至るまで、自己本位な姿勢と他者への攻撃ばかりが目立ちます。

あからさまな攻撃ではありませんが、それに近い権力統制ともとれる技術開発にも、自己本位の傾向が見られます。いまだ記憶に新しいビデオのベータ対ＶＨ

S合戦に始まり、写真やテレビなどのアナログからデジタルへの移行、そして2014年4月9日に一方的に実施されたマイクロソフト社によるパソコンの基本ソフト（OS）「XP」のサポートの中止。XPに慣れ親しんだ者にとって新しいOSの扱いは至難の業です。

消費者あっての生産者という立場から、バージョンアップといったようなスムーズな移行ができなかったものかと考え込んでしまいます。健全な文明の進化は、異質なものの調和の中にこそ存在するように思います。

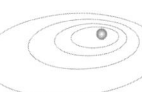

異質なものが調和した時
進歩が生まれる

自己本位な姿勢と他者への攻撃は混乱を招くだけ。
互いに認め合い、それぞれの持ち味を生かした
協力から平和が生まれる。

人は、自分の単位で世界を感じている

　私たちは身の回りにあるものの大きさや重さを世界共通の単位を基準にして測っています。それは、互いの話が食い違って社会全体が混乱することを避けるためです。

　物理学で基本になる単位は、長さの1メートル、重さの1キログラム、そして時間の1秒の三つです。これらはすべての人に共通ですが、それに感覚の要素が入ってくると、そうはいかなくなります。

　例えば、買い物をして1円のお釣りをもらったとします。通常はそれを大金だとは感じませんが、品物の値段ぴったりの金額を小銭で支払おうとした時に1円足りなかった場合の1円は大金だと感じます。その1円がないばかりに品物が買えないのですから当然ですね。

ガソリンの値段が1円単位で上下することに一喜一憂するのも1円の価値が心理的に拡大していることの証拠です。感覚の世界での私たちの判断基準には、各人各様の単位があるようです。

算数の割り算とは、割られる数の大きさが、割る数を単位として何単位であるかを計算する手法です。

例えば、24÷3といえば、3を単位にしたとき、24の中に、その単位がいくつ入っているかを計算しているのです。それでは、24÷（1／2）はどうでしょう。24という量は1を単位として測った量ですから、単位の大きさが半分の1／2になれば、当然、24という量は二倍の48になります。

つまり、分数の割り算は、分子と分母をひっくり返して掛け算をすればいいということですね。

同じ広さの庭であっても、子どもの時には、もっと広かったように思うのは、子どもと大人の体のサイズの違いによって、大きさの感覚が違ってくるからでしょう。確かに、この世の中をみんなで仲良く生きていくためには、共通の物差しが必要です。しかし、その一方で、人は各自の固有の物差しを持っています。例えば時間はどうでしょう。時計で計った同じ1時間でも、受験生にとっての1時間は短く、試験監督の先生にとっての1時間はとても長く感じて退屈極まりない時間です。

さて、時間が実在するのか、それとも心が作り上げている幻想なのかという議論はお預けにして、私たちは自分の心臓の鼓動の繰り返し間隔に近い1秒を基準にして時間の経過を感じています。

実は、赤ちゃんの脈拍は成人に比べて速いのですが、そのことから、時計で計る3ヵ月であっても、赤ちゃんにとっての3ヵ月は違って感じているのかもしれません。大人から見れば、赤ちゃんは出生直後から生後3ヵ月の間に信じられないほどの成長をしていて、その成長スピードの速さに驚きますが、赤ちゃんにとっては、この3ヵ月は私たちの3年にも相当する長さだと感じているのかもしれませんね。

こうして考えてみると、私たちが感覚的に感じる一生の長さは、機械の時計で計られるものではなく、各人がその時の場合に応じて、そこで流れている時間とどう歩調を合わせるかによって、長くも短くもなるのでしょう。

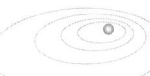

単位を変えれば、ものの見え方が違ってくる

同じ1分でも、長く感じることもあれば、短く感じることもある。
外界の歩調と自分の歩調を合わせることで感じる人生の長さは変えられる。

戦いは、脳の進化がもたらす負の産物

美しく咲き誇る花をいつのまにか地面にまき散らしてしまう雨は、その非情さとは裏腹に静かです。

桜の例でいえば、それは、ムラサキツツジや桃の花を鮮やかに開花させるための通過儀礼であるかのようにさりげないのですが、だからこそ、その雨音は、遠い日々の追憶へと私たちの心を沈潜させていくのでしょう。

そんな夢心を打ち砕くのは、世界情勢から国内の政治、私たちの身辺にまであふれている「戦い」のニュースです。人はなぜ戦わずにはいられない存在なのでしょうか。実は、チンパンジーやゴリラなどの世界にも「戦い」はあります。しかし、それは、種としての保存伝承に必要な食と性の確保が目的で、人間のように、「愛」や「復讐《ふくしゅう》」「憎しみ」などという名のもとに命を賭けて戦うものではありません。

その違いは、どこからくるのでしょうか。それは、哺乳《ほにゅう》類の中で、人間だけが、唯一、子どもを十分に育たない形で出産するというところに原因があります。実は、哺乳類の中で、体のサイズに比べて一番大きく発達した脳を持っているのは、人間ですが、脳は、極めて重要な器官ですから、強固な骨で保護されていなければなりません。そこで、もしそのような状態で出産するとすれば、母体を傷つけてしまいますから、脳全体が、自由に変形できる未完成の状態で出産するということになったのです。

そのことは、人間として一人前になるためには、出産後の教育が不可欠であることを意味します。それを母親の立場から見れば、生まれたばかりの子どもは未熟な状態ですから、母親は子どもにかかりきりになります。その母親をサポートするためには、集団を形成することが有利であり、その中で、育児、教育、そして、食の共同作業を通して生活するという形態が生み出されます。

この家族や共同体としての強固な結束が、民族、国家レベルにまで大きくなると、互いの価値観の相違などがきっかけとなって、「戦い」へと発展します。しかも、共同体の中で培われた仲間との強い絆《きずな》は、家族や共同体のために、命を賭けるという特別な「戦い」「テロ」などを生み出します。人間世界の「戦い」の特徴です。

ところで、現代社会に起こっているさまざまな問題を、このような観点から眺めてみると、その原因の構図が見えてきます。かつては、五月病といって、進学や就職で新しい環境になじめない時期の到来が5月にやってくるといわれていましたが、現代は、入社日、入学式当日に、新しい環境になじめなくなるというケースが目立ちます。

おそらく相手を受容することができない心の未熟さが原因でしょうが、これは、人類が進化の過程で学んできた事柄を、幼少からの生活の中で学ぶ機会がなかったことと関連しているように思います。例えば、核家族化がもたらす育児、食事、そして教育の共同作業の欠如です。こうして考えてみると、社会問題の根底にも、人間は宇宙の産物として進化してきたものだという背景が見え隠れしているのがわかりますね。

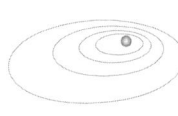

相手を受容することが平和への出発点

教育されなければ一人前になれない
唯一の哺乳類が人間である。（カント）

ネズミもクジラも、20億回心拍を重ねると死ぬ

見えないけれど、でも、確かにあるという手ごたえを感じてしまう時間って不思議ですね。それは、繰り返し刻むという動作で、過ぎ去っていく何かを感じているらしいということですが、ここでは、私たちが生きているあかしとして、ドキドキ動いている心臓の鼓動、つまり心拍を例にとって考えてみましょう。

実は驚くべきことなのですが、生物学者の本川達雄氏によれば、私たち哺乳類に限れば、小さなネズミから大きなクジラに至るまで、20億回、ドキドキを繰り返すと終焉を迎えるということがわかっているのだそうです。

ネズミは1秒に10回、脈打っていますから、およそ3年で寿命がつき、クジラは3秒に1回ですから100年近く生きるというのです。

つまり体重が増えれば、その分、心拍の周期が長くなって長生きするということですね。

この計算を人間に当てはめると、その寿命は50年足らずになります。でも、現実の平均寿命はもっと長いですね。医薬品や医療技術など文明の力がもたらした結果です。

そこで、脈拍の刻みが、「感じる時間」を作り上げているとしましょう。そうすると、ネズミが体験している時間の流れはゾウよりも速いので、ネズミにとっては、動作が比較的ゆっくりとしたゾウは静止した物体に見えるでしょう。一方、ゆったりした時間で生きているゾウから見れば、ネズミの動きは速いので、その姿は見えていないのかもしれません。

ということは、すべての生き物は、自分に固有の時間を生きているわけですから、自分が感じる一生の長さは、心臓の鼓動20億回分の長さであり、私たちが持っている時計で、短いとか長いとか計れるものではないのではないでしょうか。

たとえ、人間よりも平均寿命が短い生き物であっても、心臓のドキドキが20億回に達していれば、一生をまっとうしたことになり、満足しているのかもしれません。生物にとっての時間は絶対的なものではないようです。

その一方で、振り子の往復運動をビデオに撮って逆回ししたとしても、そのことの見分けはつきません。真上に投げ上げられたボールの場合も同様です。つまり、物理学でいう時間には、絶対的な過去も未来もなく、それは、ものごとが起こる後、先を決める目盛りのようなものです。となると、私たちが感じている時間には、実体はなく、生き続けることによって心の中に描き出している幻想なのかもしれませんね。

過去は既に過ぎ去ったものですからありません。未来は、まだ来ていないのですからありません。存在するとすれば、今という瞬間だけです。また、過去の時間や未来の時間を使うことはできません。使えるのは今の時間だけです。しかも、今という瞬間は自由に使うことができます。生きるということは、今をその瞬間、瞬間で使いきっていくということの連鎖であり、自分の時間を生み出す営みだといってもよさそうですね。

日時計の影の動きの中に、持続する今を重ねながら、自然の一部として存在することの不可思議さを感じないではいられません。

ネズミの時間は足早に、
ゾウの時間はゆっくりと、
固有のテンポで過ぎてゆく

時計で計れる時間は絶対ではない。
生きるとは、「今」を生ききること。

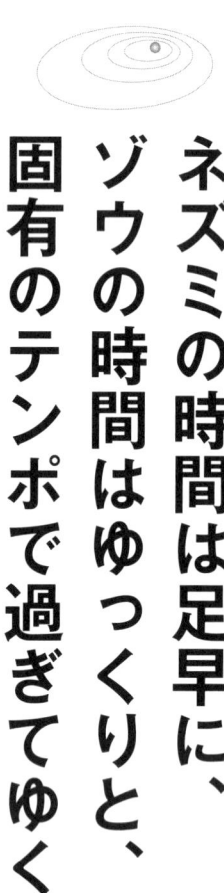

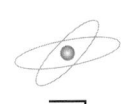

「生きる」は100ワットの電球と同じエネルギー

主よ、時がきました。夏はまことに偉大でした。
いまこそ日時計の上にあなたの影を投げ、
野には爽やかな風をお放ちください。

これは一九世紀ドイツの詩人、リルケの「秋の日」という詩の冒頭部分です。夏から秋へと高度を下げる太陽は日時計の影を伸ばしていきますが、そこに季節を支配する神の姿を重ね見る詩人の感性はすごいですね。そして、灼熱《しゃくねつ》の太陽熱にさらされてきた大地では、今、ようやく秋の収穫期を迎えています。私たち人間が生きていくために必要な食物の収穫です。人間を含めて私たち生物は、自然の産物である食物をエネルギー源として生きていますが、食物が取れなくなった時、「死」という状況を迎え、大地に戻ります。給油しなければ動くことができない自動車にも似ていますね。

さて、みなさんもご承知の通り、成人が一日当たり必要とする食物エネルギーは、二千数百キロカロリーです。これをワットに換算すると約１００ワット。つまり大人が生きているという状態は、１００ワット電球がともっている状態だと言い換えることができます。生きている人の体温の温かさです。

ところで、体内で一番エネルギーを使っている部分は脳ですから、戦争や貧困などによる飢餓状態では脳への十分なエネルギー供給が不足することから、正常な思考が停止して理性が働かなくなり、悲劇へと発展していきます。一方、偏った食生活ではエネルギー量は満たしていたとしても、体全体のバランスが失われて特定の臓器が過負荷になり、病気になってしまいます。自然療法の基本は、無駄を排してバランスの取れた食事にあるということです。

さらに病に罹患していても、心の健康感覚は、正しい食事によってもたらされることもあるようです。十把一絡《じっぱひとからげ》の議論は避けねばなりませんが、罪を犯した人たちの偏った食生活と犯罪歴とを関連づけた論文も書かれています。

62ページに書いたことの繰り返しになりますが、地球上のすべてのものたちの生みの親である太陽が作り出しているエネルギーを、太陽のひとかけら、60キロ(成人の平均体重)当たりに換算してみると、なんと人間の一万分の一、0・012ワットです。太陽の体重は2の後に0を30個つけたキログラムくらい重いので、全体として莫大《ばくだい》なエネルギーを生み出しているのですが、同じ重さ当たりで比較すると人間は太陽の一万倍のエネルギーを作っているというのが、物質である太陽と生きている人間との違いです。

ここで留意しておきたいことは、人間も機械も、外からエネルギーを摂取して、仕事をして、その残渣《ざんさ》を外に排出するというシステムで動いているということです。自動車がガソリンを食べて仕事をして、排気ガスを放出するというメカニズムです。

　放射性物質を食べて、人間に電力の恵みを与えてくれる原発ですが、その残渣は強い放射線を出すので外に排出できません。この本来の自然の姿とは異なる電力生産とどう向き合えばいいのか、感情論を超えて人類の未来を見据えた真摯《しんし》な考察が必要です。

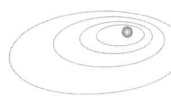

食べたものを出す。
人間も機械も
循環がなければ動けない

人間にとっての優れた循環は
正しい食事から生まれる。

死は「自分で自分の顔を見られない」に似ている

「今度、リパッティを一緒に聴こうね。真空管アンプで……」。リパッティとは、二〇世紀最高のショパン弾きといわれながら33歳でこの世を去ったルーマニア生まれのピアニストです。酸素マスク越しに聞こえる荒い呼吸の呼気が、レギュレーターの中の水を激しく泡立たせ、指先につけた測定器が示す血中酸素濃度が80パーセントを切っていく中、目の表情がかすかに変わり、吐息のように聞こえた「うん」という声が、彼と交わした最後の会話になりました。それは彼が残した最期の言葉だったと後から知りました。

つい先頃、横浜の美しい海が見える病院の一室でのことです。何かが抜けた後の容物《いれもの》と化したかのような体を残し、旅立っていったのは、今から57年前、都内の女子大の新任教員として同時に着任して以来の友人、そこの美術科を今日《こんにち》の名あらしめるまでに育て上げた画家のS教授でした。

一方の私は、別の大学に移り専攻分野は違っていても、ものの美を追い求める心には区別なく、ずっと交流が続いていました。この57年間、いつ出会っても新鮮であったのは、互いの私生活には一切触れず、プラトンのイデアのような美の世界での交友だったからでしょう。

人は、例外なく死を経験します。しかし、自分の死を自らの目で見ることはできません。それは、自分で自分の顔を見ることができない状況に似ています。つまり、他者の死に立ち会うことは、それを通して、自分の死を想《おも》い、言い換えれば死の側から生の意味を問いかけることでもあります。「メメント・モリ」です。ラテン語で「死を想え」という意味です。

それにしても生命にはなぜ、死がつきまとっているのでしょうか。それは、日々変化していく生息環境になじむように、体の構造を変化させ、新しい環境に適応するための一つの技法だともいえます。つまり、死と生は、それぞれが独立したものではなく、ワンセットとして、永遠につながる時間の川の流れの中の一つの風景のようなものです。

死を悼み悲しむ気持ちは、その当事者になってみない限りわからないほど大きいものです。これは近くにいたために日常茶飯事になっていたことが、突如、新鮮な過去の時間に巻き戻されるという落差から生まれるようです。それは例外なく残された者に慚愧《ざんき》の念を生み出しますが、そこからの脱却は、過去、未来そして現在の枠を超えて生死を包摂する宇宙時間の中で死者とともに未来を夢見ることでしょう。

本人の意識がなくなっても、体そのものは、最後まで生きようとします。生命の本質です。だからこそ、戦争や自然災害などで、本来持っている生命を断ち切ることはあってはならないということになります。

現代の宇宙論からいえば、すべては光から生まれ、生命の素は星の輝きの中で合成され、その星が超新星爆発という形で終焉を迎えることによって、地球や私たちが誕生しました。私たちは、今、その大いなる宇宙絵巻の中の1ページを生きています。

ウィーン郊外、聖マルクス墓地の一角で見かけた碑文を思い出します。「現世でのつらい別れのひと時は来世での平和な永遠の再会への入り口である」。Sさん、また、いつか、どこかで会う日まで、ごきげんよう。

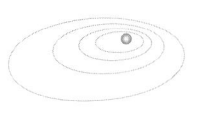

死と生はワンセット。死者との別れは、宇宙時間での再会の入り口

人の一生は、終わりのない
大いなる宇宙絵巻の中の1ページ。

3×2と2×3で違う、原因と結果

秋は、実りの到来とは裏腹に、台風などの災害で落ち着かない季節でもあります。

さて、大雨被害などの気候変動のからくりは、たった一つの方程式の中に集約されています。みなさんも、中学、高校時代のどこかで聞いたことがある「ボイル・シャルルの法則」です。

一定量の気体の体積V、圧力P、温度Tを関係づける「(P×V)÷T＝一定」というとても簡単な式です。地球の気候のすべては、太陽のエネルギーで暖められた水分を含む大気の動きで支配されているので、この式が基本になるのです。にもかかわらず、天気の確実な予測は難しいのが現状です。それは、先ほどお話しした式に当てはめるそれぞれの数値の間に多くの見えない条件や関わりが重なり合っていて、その値の予測が難しいからです。つまり、最後の数値に行き着くまでには、たくさんのプロセスがあって、互いに影響し合い、複雑にからみ合っているのです。

私たちの日常生活で出合う出来事にも、それが起こった背景には、直接目には見えないたくさんのプロセスが関わっているのですから、結果そのものだけでは、例えば「ことの善悪」の判断ができない場合もあるということですね。

それではここで問題です。「ミカンを一人に2個ずつ三人に与えるには、何個のミカンが必要ですか」。もちろん6個ですね。では、どういう演算をなさいましたか。ほとんどの方は2×3＝6という掛け算だったでしょう。では、ここで、3×2＝6という計算で答えを出した人がいたとします。これは正しいでしょうか？

実は、これと似た問題を出された小学生が、掛ける順序を3×2としたことから間違いだとされ、そのことが原因で登校拒否になったことがありました。その子の説明によれば、まず、最初に1個ずつ三人に配り、次に2個目を配ったので3×2だったのです。答えは6で、正しい計算です。考え方のプロセスが違っていたということですね。

この違いは、単位を考えに入れることによってはっきりしてきます。2×3では一人当たり2個を三人に、3×2では毎回三人に1個ずつ2回配るということです。計算の順序にも意味があって、情景描写まで含まれるということですね。

釣り銭でも、例えば80円の鉛筆を1本買って百円玉で払った場合、100－80＝20という引き算で20円と考えるか、百円玉を払った対価として「80円の鉛筆＋お釣り20円＝100円」という足し算で考えるかによって、お釣りの額は同じでもその考え方の背景は違ってきます。

このように一つの結果には必ずその背景が関わっています。仏教の言葉でいえば、「因縁」です。ここで、「因」を縦糸、「縁」を横糸だとすれば、私たちの人生は、そこから編み出される織物にたとえてもいいでしょう。物理の視点からいえば、時空という時間と空間の織物です。人生とは、因果時空の織物を織り上げる営みなのです。それ故に、その時にしかない「今」を後悔しない「今」として存分に生きることを目標にしたいものです。

人生とは、「因」の縦糸と「縁」の横糸で織り上げる織物である

ものごとにはたくさんのプロセスが影響し合い、
複雑にからみ合っている。
結果からだけの判断は要注意。

コントロールできているという錯覚

二十四節気とは、地球が太陽の周りをひと回りする時間を二十四等分したものです。その「始まり」の日が立春で、暦の上での春です。といっても、冬の星たちが一番美しい季節でもあります。私が勝手に名づけた近隣の「トトロの森」には、木枯らしが吹き抜ける道に沿って波打つ木の枝越しに星の花がきらきらとこぼれ落ちていきます。耳を澄ますと、遠くから近づいてくる風の音に、木々のゆらぎが呼応して、生きている森の息づかいが聴こえてくるようです。それは、遠い昔、幼少の頃、温かい胸にしっかりと抱きしめてくれた人の肩越しに見上げた星空が、その人の胸の鼓動に呼応してゆれていた日の記憶を思い起こさせます。足元の水溜りに映る全天一明るいシリウスの影は、風が水面を通り過ぎるたびに、ちらちらと明滅して、それはさながら冬の蛍です。

それにしても、同じ「かぜ」でも、病気の風邪は、講演やら会議やら、しゃべる機会が多い私にとっては手ごわい相手です。

講演当日までには治したいと薬を服用し、休養に努めてみても、治る時期がこない限り治りません。自分の体だと思っているものが、実は、自分の体ではなくて、コントロールできないものだということを、改めて思い知らされます。考えてみれば、自分の顔さえ自分の目では見られません。鏡に映る顔は、上下はそのままでも、左右が反対ですし、写真は、小さな点の集合でしかありません。心臓の動きをコントロールすることもできません。どう考えてみても、自分は、何かの一部分で、あえていってしまえば、自分とは、「自」然の「分」身だということなのかもしれません。

ところで、風邪で失った声の回復を待つのは、砂時計の砂粒を一つずつ数えて、昨日においていくことよりも長く感じます。しかし、それも仕方のないことだと諦めてしまうと、突如、元の声に戻っていたりもします。ほんとうに健康とはままならぬものです。「こだわらない」ということが最速の解決法だということでしょう。

ところで、年齢を重ねていくと、体の不調からの回復時間が延びていきます。若いということは、生体機能が活発だということなのですから、早く回復して当然だともいえますが、それは、見方を変えれば、それまで生きてきた人生の長さを基準にすれば、一定なのかもしれないという気もします。例えば、10歳の子どもが2日で回復するものが、50歳になれば、その五倍、すなわち10日かかるというようなものです。これは、生物というものが、生存時期の如何《いかん》にかかわらず、いつも同等のからくりに支配されていることを意味しているのでしょう。つまり、人生には、早い遅いはなく、その瞬間がすべてであり、何かをやろうと思い立ったその時こそが、最適な時期だということです。

賞味期限がないという人生の有り難さにも通じることですね。

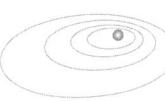

人生に賞味期限はない

自分とは「自」然の「分」身。
チャレンジの時期は、年齢には関係なく、
公平に与えられている。

第四章

真昼の星を見る

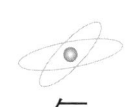

気配は、後に残された微弱電流

「夕べの風が花を震わせると、そこから匂い立つかすかな香りと音が響き合う」とうたったのは、フランスの叙情詩人、ボードレールでしたが、この動的な表現に対して、日本では暗香、つまり「暗闇に漂う梅の香り」という静的な表現があります。〝見えない〟世界に大切なものを見る、という日本独特の感性です。

短歌の世界でも、恋人へのあこがれは、現実に恋人を目の当たりにしている時よりも、たそがれ時の不確かな景色の中に感じるときめきを重視しています。「気配」です。この言葉はいわゆる漢語ではなく純粋の和語で、「気《け》が這《は》う」という意味を持っていて、はっきりとは見えないけれども、周囲の様子から何となく漠然と感じられるということですね。ですから、これを外国語に訳そうとすると大変なことになります。英語を例にとれば、通常、サイン（兆候）あるいはセンス（感じる）になりますが、これは明らかに具体的感覚で、そこはかとなく漂う気配とは程遠い表現です。

そういえば、患者と目を合わせることもなしに、パソコン画面に映し出される検査結果とのにらめっこだけで診察を行うパソコン医師が多い昨今ですが、その一方で、昔ながらの問診と触診でピタリと病名を当てていくことで名高い知人の名医は、患者の気配からおおよその見当がつくと話していました。

さて、最近の研究から、脳の指令で筋肉が動くと弱い電気が発生し、皮膚表面に染み出すことがわかってきました。植物も例外ではなく、環境の変化に応じて電気を発生していることもわかっています。そして人間を例にとれば、この微弱な電気信号を検知するのが、体毛と内耳にある有毛細胞ですが、とくに敏感なのは、産毛の下にある細胞で、それが皮膚感覚としての気配を感知しているらしいのです。さらに、人が去った後でもどこかにその人が残した残留電気が気配として残るということになります。

極端な例ですが、道端を歩きながら四つ葉のクローバーを見つける能力にたけている人は、この電気信号でクローバーと交信しているのかもしれません。また、流星が流れる瞬間に、音が聞こえるという人もいますが、これは、光が皮膚感覚に変換されて脳で感じているということなのでしょう。さらにいえば、美しいピアノの響きには、例外なく、打鍵と打鍵の間に「今」と「永遠」が漂うような気配がありますが、これも音と皮膚感覚の共振が原因だと考えられています。

ところで、最近、実用化に近づいてきた解読不能の「量子暗号」。その暗号を解く鍵となる「量子のもつれ」が脳内細胞で起こっているとすると、極論ですが、気功の謎にも迫れそうです。さらに、私たちの皮膚のすぐそばに見えない別次元の世界があるという最新宇宙論の多重世界を仮定すれば、死者との対話にまで飛躍できるかもしれません。現代科学を支える量子論と相対論が、これまでオカルトでしか語り得なかった世界の解明に一歩踏み出したかのような印象です。

微弱な電気信号に敏感な人が、特殊能力を持っている

見えない「気配」から死者との対話にまで、関心を持ち始めた現代の科学。

半分、予測できて、半分、予測できないから、心地いい

「行く川の流れは絶えずして、しかももとの水にあらず」と『方丈記』に記したのは鎌倉時代の随筆家、鴨長明でした。一方、ドイツの文豪、ゲーテは、「ファウスト」第二部、最後の神秘の合唱で「すべて過ぎ行くものはただの幻影に過ぎず、及び得ないことも現実となった」と書いています。

私たちの身の回りを見渡してみると、どこにも常住不滅のものはありません。すべては移ろい、留まることをしません。ギリシャ時代の「万物流転」から仏教の「諸行無常」に至るまで、人は自然を移ろうものとしてとらえてきました。

例えば、今の気温が20度であるといっても、それは平均値が20度なのであって、実際には、20度の周りで細かく変動しています。脈拍も同じです。座禅などで平静な精神状態にある場合でも、速くなったり遅くなったり変動しています。

これを物理学では「ゆらぎ」と呼んでいます。

この意図的ではない自然の変動を、数学の立場から分析してみると、驚くべき基本法則が隠されていることがわかっています。「f分の一ゆらぎ」などと呼ばれている変動現象です。自然風の強弱から星がまたたく時の光度変動、生物体の神経伝達に見られる繰り返し周期の変動など、すべてに共通している性質です。その特徴は、変動幅が大きいほどゆっくりで、変動幅が小さいほどせわしくゆれるというものです。

星のまたたきでいえば、大きい光度変化が起こる頻度よりも、小さくまたたく光度変化の頻度が大きいということです。自然界に存在するこの性質は、端的にいってしまえば、すべての物質は、互いに区別できない小さい基本粒子からできていることに起因する物理現象です。

私たちの感覚、思考をつかさどる脳も例外ではなく、原子分子の集合体ですから、この性質を持っており、一気にいってしまえば、だからこそ、自然界の風や星のまたたき、小川のせせらぎの音など、「f分の一ゆらぎ」を持った外部刺激を受けると、脳がそれに呼応して心地よさを感じるらしいのです。

一方、この「ゆらぎ」の性質を別の言葉で表現すると「半分、予測できて、半分、予測できない」ということになります。これは、私たちが日常生活を送るためには、好都合な性質です。つまり、未来に起こることがすべてわかってしまったら、怖くて生きられないでしょうし、逆に未来のことがまったく予測できなかったら、これも安心して生きることはできません。

二足歩行ロボットも、足の動きに「ゆらぎ」を付加しなければ歩けないそうです。

また、始めから終わりまで同じテンポで演奏しても、無味乾燥になってしまい音楽にはなりません。音程も上がったり下がったりの「ゆらぎ」があるからこそ旋律になります。

他者との付き合いにおいても、適当な間合いを持った緩急の「ゆらぎ」がなければ長続きしないでしょう。「ゆらぐ」ことは、生きていくのに不可欠な条件なのです。私たちの人生でも、目標を定めたら、その周りで試行錯誤を繰り返し、ゆらぎながら、そこに向かっていくことになります。

フランスの作家、サン゠テグジュペリがいうように、愛するとは、互いに相手と見つめ合うことではなく、同じ目標に向かって（ゆらぎながら）進んでいく営みだともいえそうです。

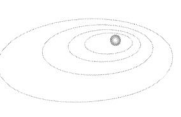

未来がすべてわかったら、
怖くて生きられない。
未来がまったくわからなければ、
不安で生きられない

自然界の変動現象には、
変動幅が大きいほどゆっくりで、
変動幅が小さいほどせわしくゆれる、
という特徴がある。

あなたの声は、あなたのすべてを表している

世界は音で満ちあふれています。といっても聞こえる音だけではありません。私たちの耳に聞こえる音は、通常20ヘルツから20キロヘルツくらいの範囲です。その中でも音の高低がはっきりと判別できるのは30ヘルツから4000ヘルツくらいで、ピアノがカバーしている音域です。

その一方で、ボイラーが燃えている時や、風力発電の風車が回っている時に発している、耳には聞こえない数ヘルツ前後の超低周波音が体の不調の原因になっているといった事例も報告されています。

あるいは、森林の中で葉ずれが発している音や、祭事に使用する鈴の音の中に含まれる、耳には聞こえない超高周波音がリラクゼーションや陶酔状態と深く関

わっているということもわかっています。

人間は、聴覚器官からだけではなく、皮膚感覚として聞こえない音を聞いているということのようです。

かつて、全盲の方が、下駄の音だけで月の照り方がわかるといっていましたが、これも、美しい月夜を演出する温度や湿度、空気の動きなどによる微妙な音の変化を感じ取っていたのでしょう。さらに、ある卓球の選手との話で、高速で飛ぶ球を見るよりも音を聞くことの方が、球の位置と状態の把握には優位性があると聞かされたことがあります。確かに、脳に信号が伝達される速度は視覚からよりも聴覚からの方が速いという実験結果があります。

ところで、先日、ある県の視覚障害者協会主催の大会で視覚が不自由な方々を対象にして講演する機会に恵まれました。これは話し声だけでの勝負という意味で、いい声、悪い声という区別を超えて、相手の心にどう響くかという話し方の工夫体験でもありました。

つまり、文字として書かれた言葉よりも、それを音にした時の方がはるかに多様的で情報量が多いからです。

カタカナで書けば同じ「ハシ」でも「橋」なのか「箸」なのか、それとも「端」なのか、発音してみると微妙に違います。いずれも息を吐く時のような子音「h」の後に母音の「a」、子音「s」の後に母音の「i」が続きますが、これらの組み合わせ具合によって、意味が違ってきます。これは、「ハシ」という発音の中にどのような周波数がどの程度含まれているかによって、意味の違いが出てくるということです。

大ざっぱですが、西洋の歌曲をうたう時のような、喉の力を抜いて透き通った感じのトーンは、相手に対し客観的な立場からの内容伝達に適しており、その一方で、尺八に息を強く吹き込んだ時のようなどちらかといえば、濁った感じの音は、相手の心により近づいた印象を与えます。内容の強調には声を大きくするよりも、声質の変化の方が効果的のようです。これはネコの鳴き声や乳児の泣き声にも共通していて、飼い主や母親は、その微妙な発音の違いによって相手の気持ちを理解できるのでしょう。

つまり、話し方の音声の中に、話し手の全人格が投影されているということです。大切にしたい「話し言葉」です。となると、「はじめに言葉ありき」というより「はじめに音ありき」なのですね。

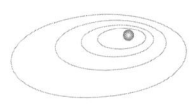

書かれた言葉より、声にした言葉の方が多くを語る

人間は耳からだけでなく、全身の皮膚感覚として聞こえない音を聞き、そこから多くの情報を感じ取っている。

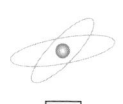

『般若心経』も宇宙も「今」の重さが根本

最高気温がいまだに氷点下の日々が続いている北の国でも、晴れた日の夕暮れには、神々しいほどの大雪山系の雪が、ほんのりピンク色に染まり、淡い空色の空気とまざる一瞬に春の気配を感じます。こうして私たちは、季節の移り変わりに、自らの年齢を重ねながら一生の物語を紡いでいくのでしょう。

ふと『般若心経《はんにゃしんぎょう》』が心をよぎります。『般若心経』は、生老病死など、思うようにならないという意味での「苦」からの解放をめざして書かれた（お経というより）呪文です。262文字で簡潔明快にしかもダイナミックに唱えるためのポエムであるともいえます。その根底にあるのは「空《くう》」の思想です。「空」は、空っぽという意味ではなく、「あること」と「ないこと」を同時に包摂する高次元の考え方です。

例えば、白紙に2本の線分を直角に十字になるように交差させて描いたとします。次に、その交差した部分を修正液で〝消した〟とします。すると修正液で消された部分に、小さく丸い白い点が新たに〝生まれた〟ように見えるでしょう。「ない」と「ある」が同じ場所に存在しています。この「ない」と「ある」を同時に含む視点が空です。サンスクリットでは「シュニャータ」といいます。

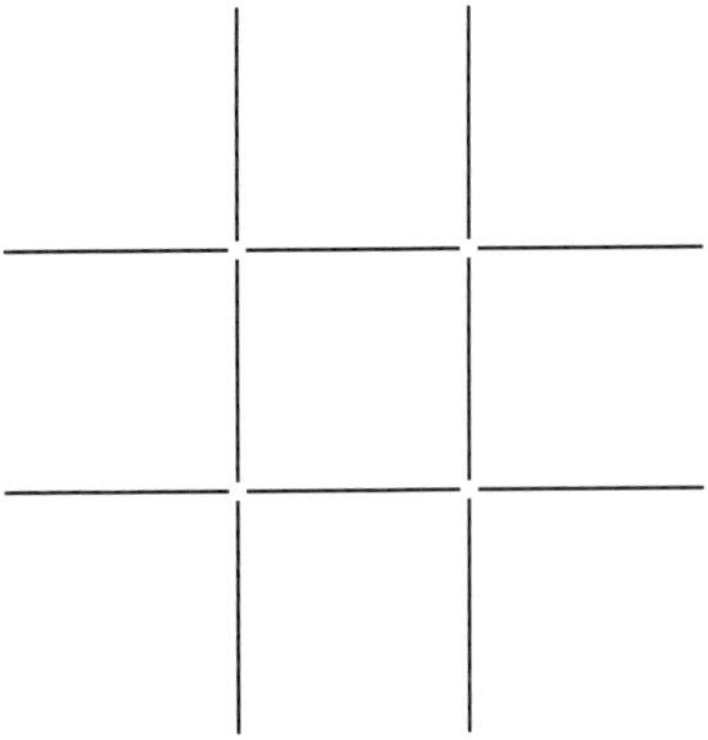

『般若心経』といえば、すぐに心に浮かぶのが「色即是《しきそくぜ》空《くう》、空即是色」のくだりですが、ここで「色」とはサンスクリットの「ルーパ」の訳です。「形作る」という意味の「ループ」と「消滅させる」という意味の「ルー」を一

語にまとめた言葉で、普段、私たちが目にする物質現象、さらには、千変万化する私たちの感覚に訴えるようなすべての現象のことです。

つまり、先ほどのくだりは、すべての出来事は「空」から生じたもので、独立現象ではなく、相互依存しているために、一つの物質現象として留まるものではない、ということになります。

私たちは時間とともに生きています。しかし、過去は既に過ぎ去ったもので現実には存在しません。記憶の中にあるだけです。未来も想像の中にあるだけで現実にはありません。私たちが現実に生きているという瞬間とは、このすさまじい「今」だけです。だからといって、その場限りの自由気ままでよいというのではなく、そこに歯止めをかけるのが「縁起」と呼ばれる因果関係と万物相互依存の事実です。

すべての出来事が相互依存しているのであれば、他者の幸せが自分の幸せにもなるのですから、自他分かたずに真摯に生きましょう、ということにもなります。

そして日常で起こっていることは、高次元の「空」の世界から見れば、幻想のような仮の姿でしかないのだから、気にする必要はない、というのです。

考えてみれば、この世界は、同じ種類であれば、他とは区別できない同じような原子からできています。その原子たちは、星の中で合成され、星が超新星爆発という形で最期を迎えることによって宇宙空間にばらまかれ、その集まり方によって万物ができているのですから、日常レベルの存在には、始まりも終わりもありません。「今」の重さです。それを讃えるかのように『般若心経』は最後の「ギャテー・ギャテー……」で締めくくられます。発語行為によって生じる〃パロキューショナリーフォース〃と呼ばれる力を持つ典型的な呪文です。

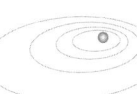

見かけに惑わされることなく、ものごとを現象として見通す

すべては相互依存による相互存在であるから、
確実に意識できる「今」としての存在は
永遠にもつながる。
だから日常をクヨクヨしなくてもいい。

世の中に客観的実在は存在しない

もう少し、『般若心経』について考えてみましょう。

『般若心経』の中で説かれている考え方の中心は、ひと言でいってしまえば、この世にあるすべてのものごとや現象は、常に移ろっているものであって、客観的な不動の実体など存在しないことを強調している点にあります。そして、すべての目に映るもの、感知されるものは、心の問題であると主張しています。

考えてみれば、私たちは赤信号を見て止まりますが、あなたの見る赤と私の見る赤が同じかどうかを客観的に確かめる方法はありません。あるサンプルの色を見せられ「この色が見えたら止まりましょう」という社会的約束の中で、自分の見た赤で私たちは止まるのです。喜びも苦しみも同じことであって、すべては、私たちの心のスクリーンが外界をどのように映し出しているかというだけのことだといっています。

つまり、世の中には客観的実在などはなく、他との関係性において感じられる世界があるのみだと説いています。この考え方は、そのまま現代科学の世界観にも当てはまります。自分の顔を見ようと思っても、鏡に映る姿は他者から見る姿とは左右反対であり、永遠に自分の顔を見ることはできません。他者との関わりにおいて想像することしかできないのです。そういった視点から、『般若心経』ではすべての目に見える存在を否定しようとします。喜びも悲しみも絶対的な存在ではなく、永遠に変わることのない存在もない……というように否定を繰り返します。

〈「ある」でもなく、「ない」でもなく、「あるとない」でもなく、その両者の否定でもない〉、あるいは〈私ではなく、私でない者でもなく、私であるような私でない者でもなく、そのいずれでもない者へ〉などと否定を繰り返していると、自分と他者との区分がぼやけてきて、その霧の奥から何か動かしがたい絶対肯定の世界が立ち現れてくることを期待しているのです。

これは、古代インドの思想家、ナーガルジュナ（龍樹）がいうところのテトラレンマ（四句否定）の論法です。汚いものを入れていた茶碗をどんなにきれいに洗っても、その茶碗に入っているお茶を飲む気にはなりません。そこには汚いという現実は存在していなくて、汚いと感じる心があるということですね。したがって、「きれい」と「汚い」との絶対的な区別もない、と考えるのです。

その一方で科学は、少しでも客観的実在に迫ろうと努力します。その方法は同じものを多角的に見ることです。ある物体を見てAさんは「○だ」といい、Bさんは「□だ」といったとします。もし、この物体が円筒形であって、Aさんは上から、Bさんは横から見ていたとすれば見え方が違うのは当然のことです。ありのままを受け入れ、その矛盾を超えたところに真理を見つけようというのが科学的方法論です。「ある」と「ない」を超えたところに真理はありそうですね。

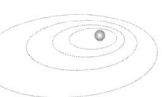

「ある」と「ない」を超えたところに真理がある

目に映るもの、感知するものすべては心の問題。他者との関わりにおいて、論理的矛盾がないものを真理であると想像しているに過ぎない。

心のフィルターによって、現実は作り変えられる

「ものが見える」って何か不思議ですね。この本を読んでいるみなさんは、文字を見て、それが何をいっているのか脳で考えています。

脳トレの中に、「比較絵」というのがあります。ほとんど同じものが描かれている二つの絵の中に、ちょっとだけ違う要素が入っていて、それを探す問題です。やってみると意外に難しく、「ものを見る」ってどういうことだろうと思ってしまいます。

網膜に映された外界の状況が脳に伝えられ、そこで処理された結果が見えている内容です。ところで、文字で書かれた文を声に出して読んでみると、まったく違った印象を受けることがあります。聴覚からの刺激が脳に伝わって、視覚的に見た文とは違う内容を作り上げるからです。また、同じ味のお菓子でも、心配事がある時と楽しい時とでは、味が違います。どんなにかぐわしいバラの香りであっても、不愉快な場面では、いい香りではなくなってしまいます。

私たちは、外界から入ってくる物理的な情報を脳が処理することによって感覚として感じているわけで、そこに関わる作用全体を漠然と心だといっているのでしょう。

フランスの作家、サン＝テグジュペリの名作『星の王子さま』は、登場人物である王子の「大事なものは目に見えない。心で見なくちゃね」という言葉で世界中に愛されてきました。この「心で見る」という表現は、今、お話しした内容を含んでいます。すべては心のフィルターを通しての情景として、私たちはものごとを見て感じているからです。となると、目に映る情景や感じる景色は心次第だということになってしまって、ものごとを正しく認識する基準はどこにあるのか、という問題が生じてきます。

例えば、満員電車で、席をゆずられたとします。その時、声をかけられた人が「いや、結構です」と断ったとします。その背景には、席をゆずられるほど年寄りではないという自負があったのかもしれませんし、あるいは、周囲に対する気恥ずかしさのようなものがあったのかもしれません。

その一方で、「ありがとう。でも次で降りますから大丈夫です」という断り方をしたとします。この両者の違いは「ありがとう」という言葉にあって、これはまず相手の好意を丸ごと受け入れた上で、自分の主張を合わせ判断した結果、生じた言動です。

ところが、この場合、相手の行動が好意だと受け取れなかったとしたらどうでしょう。

釈迦《しゃか》によると行動の善悪についての正しい評価とは、その行動が相手の未来にどのような影響を及ぼすかどうかによると教えています。それを良識に基づく見識の形成であると説き、それは常識となって固定するということのようです。そして、好意だと受け取れないことを常識の欠如だと指摘します。釈迦が入滅直前に弟子に伝えたとされる自灯明《じとうみょう》、法灯明の意味です。

つまり自らを考える灯明（自灯明）として闇を照らし、見えてくるものと照合しながら、大いなる真理の灯火（法灯明）にしなさい、ということです。

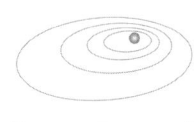

大事なものは目に見えない。心で見る

自分を深く見つめることが、ひいては、
他者に対して闇を照らす灯りのような存在になる。

「ないことの意味」を考える

リンゴが　ひとつ
ここに　ある
ほかには
なんにも　ない
ああ　ここで
あることと
ないことが
まぶしいように
ぴったりだ

これは２０１４年2月、１０４歳で亡くなった童謡詩人、まど・みちおさんの作品の一部です。

私たちの日常では、「あること」だけを大事にしがちです。しかし、「ある」ということは「ない」ということの裏返しなのですから、「ないことの意味」についても思いをめぐらす必要があります。私たちの生命の材料も、星が燃料を使い果たし、超新星爆発して終焉を迎えることによって作られたように、何かが生まれてくる背後には、何かが消え、失われていくということがいつも起こっています。

そういえば、中国の古い文献、老子の『道徳経』の中に「茶碗とは何もない部分のことである」と論じた部分があります。何もない部分があるからこそ、ご飯が入るわけで、当然の主張です。

「何もないからすべてがあると見せる芸能が落語だ」と喝破したのは立川志の輔《たてかわしのすけ》

師匠でした。落語家は、扇子1本で何人もの役をこなし、世界中のどんな場所でも、情景でも、表現してしまいます。そしてそこで描写される内容は、聞いている人の脳の中で組み立てられるのですから、「何もない」からこそ「すべてがある」世界を作り出すのが落語だということでしょう。

まどさんには「やぎさんゆうびん」という詩もあります。「くろやぎさん」が「しろやぎさん」からの手紙を読まずに食べてしまい、「さっきの　てがみの　ごようじ　なあに」と手紙を書きますが、しろやぎさんも、その手紙を読まずに食べてしまいます。中身のわからない手紙の「やりとり」を永遠に続ける話ですが、その「やりとり」によって深い絆が芽生えているところが読みどころです。

実は、物理学の世界でも、原子の中心にある原子核をまとめている力は、中間子という粒子のキャッチボールだと考えられています。

また、真空に強い光を照射すると真空の一部が電子という物質粒子になって飛び出し、その抜けがらが陽電子という幻の粒子となって短い時間ですが姿を現すことがあります。それらが再び合体すると光になって消滅します。この現象を利用したのが、がん検診で使われる陽電子放射断層撮影（ＰＥＴ）です。

「あるもの」と「ないもの」が対になって存在しているということですね。

さらに、世の中のすべての事象は「あること」「ないこと」を含めて、すべての場合が重ね合わされていて、それを見極めようとしたときに、一つが選択されて現実に収束するという奇妙な考え方もあります。多世界解釈といいます。それは、私たちが、これからどう行動するかによって未来が決まっていくという現実とどこか似ています。童謡の世界と物理の世界と人生は案外近いところにありそうですね。

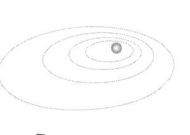

「ある」と「ない」はワンセットだと意識することの先に真実が見えてくる

私たちは「あること」だけを大事にしがちだが、
「何もないからすべてである」という逆転の発想が大切。

鏡に映る自分の姿は左右反対、見られている自分とは違う

「鏡よ、鏡、世界で一番美しいのは誰?」と毎日、何度となく鏡に問いかけていたのはグリム童話「白雪姫」の中に出てくる女王さまでした。しかし、この女王さまは、残念ながら物理学のお勉強をしておられなかったようですね。なぜって? それは……鏡に映る自分の顔は、よその人が見ている自分の顔ではないからです!

つまり、上下はそのままでも、左右が逆転しています。人間の顔は左右対称ではありませんから、左右が逆転すれば、違った顔になってしまいます。

いつでしたか、私の著書の中で出版社が間違えて口絵の写真を裏表反対にプリントしてしまい、実際にいつも写真で見ている顔とはまったく印象が違う自分の

顔にがくぜんとした経験があります。私たちは、どんなに頑張って1枚の鏡をのぞき込んでみても、自分の顔を見ることはできません。にもかかわらず、私たちは鏡に映る姿を自分の姿だと信じ、鏡の前でひげをそり、お化粧をして外出します。

さて、鏡とは光の直進性を利用したものです。そしてその直進性の裏には、入射角と反射角が同じになる性質が隠されています。光が波の性質を持っているからです。玉突きの玉が玉突き台の側壁に、ある角度（入射角）で当たると、それと同じ角度（反射角）で再び側壁からはね返される現象に似ています。

その性質から光が反射する面がおわんのようにくぼんでいる凹面鏡ではレンズのように光を集めることができて反射望遠鏡の主鏡になります。ハワイ島マウナケア山の頂上にある世界最大級の望遠鏡「すばる」の口径8・2メートルの鏡も同じ原理です。さらに、この鏡を近くからのぞけば、虫メガネのように映るものが拡大されて、ひげそりや化粧に使われる拡大鏡にもなります。

一方、反射面がおわんを伏せたように中央が盛り上がっている凸面鏡では、クルマや道路の交差点に設置されているミラーのように、より広い視野を見渡せる鏡になります。

それでは、本題に戻って、鏡はどうして上下はそのままなのに、左右だけ入れ替えてしまうように見えるのでしょうか。鏡の前で、手を右に動かしてみましょう。鏡に映った手も右に動きます。左に動かしても、上下に動かしても結果は同じです。しかし、手を自分から遠ざけるように鏡に近づけると、鏡の中の手は、逆に自分の方に近づいてきます。つまり、鏡は、鏡の平面と平行な上下左右はそのまま映し、鏡に対して垂直な方向だけ逆転するのです。ということは、私たちが見ている鏡に映る姿は、鏡の裏側から見ている姿なのです。にもかかわらず、上下左右はそのまま映しているので、目の前の相手が見ている自分の姿とは左右逆転してしまうのです。

この性質は宇宙を構成する素粒子の世界にもあり、右回りの粒子やそれを鏡に映して左回りになるような粒子などがあって、「鏡のような宇宙」という世界の構造を解明する大きな手がかりの一つにもなっています。

鏡の中で出会う自分の姿って、いったいどこからやってきたのか、鏡の中に隠れている不思議な世界です。

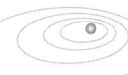

自分では自分の顔さえ見ることができない

鏡に自分を映しても、そこにあるのは左右逆転した姿。それなのに、「自分のことは自分が一番よくわかっている」と思い込み、周囲の声に耳を閉ざしていないか？

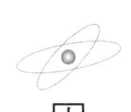

因数分解の発想に学ぶ生き方のコツ

春暮れてのち夏になり、夏果てて秋の来るにはあらず。春はやがて、夏の気を催し、夏よりすでに秋は通ひ、秋はすなわち寒くなり……。

兼好法師の『徒然草』の中の有名な一節です。夏が過ぎて、いまだ、暑い日が続いていても、立秋を過ぎると、日一日と長くなっていき、伸びていく日時計の影の中に、確かな秋の気配が感じられます。

先日も、深夜の高速道料金割引を使って、片道およそ400キロメートル近くの道のりを走り、神奈川県丹沢の湧水《わきみず》を汲みに行きました。午前3時を回ると、夏の星座、白鳥は大きく西に傾き、それを追いかけるように東の方からは冬の星座オリオンが上ってくるのが見えていました。その光景を見ていると、夏という今の季節を忘れて、木枯らしの中で打ち震えながら見上げる冬の夜へと一瞬、心が飛んでいってしまいます。地球が自転していることの不思議さを実感できる瞬間です。

ところで、〝見えない季節〟を〝見えている季節〟に重ねて情景描写をしている秀逸な作品の代表例として、藤原定家の短歌があります。

見渡せば花ももみぢもなかりけり　浦のとまやの秋のゆふぐれ

寂寞《せきばく》とした秋の情景を詠《うた》ったものですが、花も紅葉も見えないという表現の奥に、作者は、心の中で、はっきりと華やかな花のにぎわいを見ています。

実は、私たちの認識は、強引な言い方をすれば、「ある」か「ない」かの二者択一です。しかし、時には、相矛盾する両者が補い合って、一つの原風景を形成する場合もあります。人間にしかできない記憶と想像力が織り成す世界です。

先ほどの短歌でいえば、心の中に残っている花の残像が、一層、何もない寂寞感を駆り立てています。その一方では、目の前で咲き誇る花の中に、それらが散り果てるさまを想い、無常とも思える寂しさを想像する場合もあるでしょう。人間の心は、両極端の状況を、互いに重ね合わせながらものごとを認識しているようです。

そこで、二人の人が、ある問題について、話し合っていて、なかなか意見の一致が見られないとします。それは、双方とも、自分の立場に固執しているために、合意が得られないという状態です。その場合、ちょっと見方を変えて、双方の意見の違いに目くじらを立てるのではなく、共通点がどこにあるのかを探す努力をすることによって、一挙に解決に向かうことがあります。つまり、違った立場、流儀の間に共通項を見つける作業という意味では、数学でいう因数分解そのものの発想です。くわしい解説は省きますが、因数分解の面白さは、もともとの式に、余分の項を足して、また引いておくというテクニックで、全体の式は変えずに、きれいに分解してしまうというところにあります。

争っている人々は、いずれも自らの心の安泰が最終目的でしょう。それを達成するために、ゆずり合う、あるいは、自分と相手と立場を入れ替えるというのが、先ほどのテクニックに相当します。数学の解法の中にも、生き方の教訓があるのですね。

---

a^2+b^2 は $2ab$ を足して、また $2ab$ を引くというテクニックで因数分解ができます。

$$a^2+b^2$$
$$=a^2\underset{\sim\sim\sim}{+2ab}+b^2\underset{\sim\sim\sim}{-2ab}$$
$$=(a+b)^2-(\sqrt{2ab})^2$$
$$=(a+\sqrt{2ab}+b)(a-\sqrt{2ab}+b)$$

対立する前に、共通項を探す

お互いが自分の立場に固執していては、
溝は埋まらない。
自分勝手を少しゆるめて、あなた勝手を少しでも
受容することが問題解決の糸口になる。

#「ない」のではなく、「見えない」だけ

広い　広い　空の　なか
一ばん星は　どこかしら
一ばん星は　もう　とうに
あたしを　見つけて　まってるのに
一ばん星の　まつげは　もう
あたしの　ほほに　さわるのに
広い　広い　空の　なか
一ばん星は　どこかしら

「ぞうさん」の童謡で日本中の子どもたちに愛されている詩人、まど・みちおさんの「一ばん星」という詩です。

今から二十数年以上前、まだ私が東京の大学にいた頃、天才童謡詩人の金子みすゞをよみがえらせた詩人、矢崎節夫氏のご紹介で、当時、私が大学に設置したばかりの天体観測施設に、まどさんをお招きしたことがありました。青空の中でダイヤモンドの小さな灯がちろちろ燃えているかのように輝く「真昼の星」を見ていただくためでした。

80代の半ばを超えておられたにもかかわらず、その非日常としかいいようのない美しさと、ただ無言で何時間も向き合っておられました。そして最後にひと言、「ああ、これは光そのものですね」とつぶやかれ、ありがとうございました、と深々と頭を下げられた日のことを思い出します。

私たちが星を見ることができるのは、まぎれもなく、遠い昔にその星を旅立った光が私たちの目に到達するからです。しかし、弱い星の光は空の明るさに負けてしまって昼間は見えません。そこで、集光力が私たちの瞳の何百倍もある大きなレンズで星からの弱い光をすくいとって瞳のところに集める装置、すなわち望遠鏡を使えば見えるのです。

見えないと思っていても、それは「ない」のではなくて「見えない」だけだと教えてくれるのも詩人なのですね。金子みすゞも「星とたんぽぽ」という詩の中でうたっています。

青いお空の底ふかく、
海の小石のそのやうに、
夜がくるまで沈んでる、
晝《ひる》のお星は眼にみえぬ。
　見えぬけれどもあるんだよ、
　見えぬものでもあるんだよ。

最新の研究成果からいえば、宇宙のおよそ96パーセントは見えないものからできていて、それらはダークマター、ダークエネルギーなどと呼ばれています。ではどうして見えないものでも、ある、ということがわかるのでしょうか。それは、見えない風の存在が頬に当たる感触や木の葉がゆれる光景から推測されるように、見えるものの振る舞いが見えないものの存在を教えてくれるからです。すべては、互いに関わり合っているということですね。

お茶の世界では、見えない「心」の交流が「おもてなし」だといいます。それは、もう一度、お茶をいただきたい、いれてさしあげたい、と思う気持ちの交流です。見えないものに心を配る茶道が平和への第一歩になるのかもしれません。

さて、北海道の丘のまち、美瑛《びえい》には、いつでも真昼の星を見せてくれる天文台「美宙《みそら》（MISORA）」があります。みなさんにも、ぜひ、訪ねて行って言葉ではいいつくせない真昼の星の輝きをごらんになることをおすすめします。きっと何かが、心の中に芽生えるのをお感じになれるはずです。

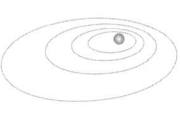

頬の感触で
見えない風が見えるように、
見えるものが見えないものを
見せてくれる

真昼の星の想像を超えた美しさは、
見えない心の交流こそが、
「おもてなし」だと教えてくれる。

本書は、「佐治博士の不思議な世界」毎日新聞東海版掲載　平成17年（２００５年）10月〜平成24年（２０１２年）３月、「佐治博士のへえ〜そうなんだ!?」毎日新聞東海版掲載　平成24年（２０１２年）４月〜平成28年（２０１６年）10月を加筆、修正、再構成したものです。（連載は現在も継続中です）

佐治晴夫
（さじ はるお）


1935年東京都生まれ。理論物理学者。理学博士。日本文藝家協会会員。大阪音楽大学大学院客員教授。鈴鹿大学短期大学部名誉学長。丘のまち・美瑛・美宙（MISORA）天文台台長。

東京大学物性研究所、玉川大学教授、県立宮城大学教授などを経て、2004年から2013年まで鈴鹿短期大学学長。量子論に基づく宇宙創生理論に関わる「ゆらぎ」研究の第一人者。NASAのボイジャー計画、“E. T.”（地球外知的生命体）探査にも関与。また、宇宙研究の成果を平和教育に生かすリベラルアーツ教育の実践をめざし、自ら、全国の小学校・中学校・高校でピアノやパイプオルガンを弾きながら、宇宙やいのちの授業を行っている。

『宇宙の不思議』『ぼくたちは今日も宇宙を旅している』（以上PHP研究所）、『「わかる」ことは「かわる」こと』（養老孟司との共著、河出書房新社）、『14歳のための物理学』『14歳のための時間論』『14歳のための宇宙授業』（以上春秋社）、『THE ANSWERS すべての答えは宇宙にある！』（マガジンハウス）、『量子は、不確定性原理のゆりかごで、宇宙の夢をみる』（トランスビュー）など著書多数。

宇宙が教える人生の方程式
2017年1月25日　第1刷発行

著　者　佐治晴夫
発行人　見城 徹
編集人　福島広司

発行所　株式会社 幻冬舎
〒151-0051　東京都渋谷区千駄ヶ谷4-9-7
電話　03(5411)6211(編集)
03(5411)6222(営業)
振替　00120-8-767643
印刷・製本所　図書印刷株式会社

ISBN978-4-344-03058-9　C0095
幻冬舎ホームページアドレス　http://www.gentosha.co.jp/

この本に関するご意見・ご感想をメールでお寄せいただく場合は、
comment@gentosha.co.jpまで。